Poonam Wadhwani

Introdução à corrosão e revisão da literatura sobre a corrosão do aço macio

Poonam Wadhwani

Introdução à corrosão e revisão da literatura sobre a corrosão do aço macio

ScienciaScripts

Imprint

Cover image: www.ingimage.com

This book is a translation from the original published under ISBN 978-3-659-89291-2.

Publisher:
Sciencia Scripts
is a trademark of
Dodo Books Indian Ocean Ltd. and OmniScriptum S.R.L publishing group

120 High Road, East Finchley, London, N2 9ED, United Kingdom
Str. Armeneasca 28/1, office 1, Chisinau MD-2012, Republic of Moldova, Europe
Managing Directors: Ieva Konstantinova, Victoria Ursu
info@omniscriptum.com

Printed at: see last page
ISBN: 978-620-8-58974-5

DEDICADO A

Minha querida mãe (Sra. Radha Wadhwani),

Os membros da minha família (Rakhi, Aakash e Om),

O meu noivo (Sr. BhautikOza)

E

O MEU Mentor (Dr. Vikram Panchal)

"Minha querida mãe! Muito obrigado por me apoiares e estares sempre ao meu lado. Honro o seu entusiasmo e a luta que travou por mim. Não estaria onde estou hoje sem a tua ajuda e apoio. És a melhor mãe do mundo por me dares amor e carinho sem fim. Devo o meu sucesso a ti

"Sem a ajuda e o apoio concretos dos meus familiares, não teria alcançado a posição atual. Eles foram extremamente prestáveis e apoiantes durante este período. Não pude estar muitas vezes presente nos seus serviços devido ao meu trabalho de investigação

"Durante o meu percurso de investigação, tive a sorte de conhecer o Sr. Bhautik Oza como meu companheiro de vida. A tese não teria sido concluída com êxito sem a sua dedicação e apoio ao meu trabalho de investigação, motivando-me continuamente. Foi ele que me acompanhou em todas as fases da minha vida e me encorajou

"A minha gratidão ao meu Riding Light, Dr. Vikram Panchal, a quem devo tudo. Estou muito grato pelo seu apoio incondicional e por ter fé em mim. A história de sucesso da minha vida não poderia ter sido elaborada até ao fim sem a fonte da sua inspiração. Ele ficaria muito feliz e orgulhoso ao ver a minha realização"

Agradecimentos

Esta tese resultou, em parte, da investigação que tem vindo a ser efectuada desde que fui orientado pela ***Dra. (Sra.) N. K Shah.*** *Nessa altura, já trabalhei com um grande número de pessoas que contribuíram de diversas formas para a investigação. É um prazer transmitir a minha gratidão a todas elas no meu humilde agradecimento.*

Antes de mais, gostaria de expressar os meus elevados cumprimentos e gratidão, juntamente com os meus sinceros agradecimentos à minha mentora e orientadora, ***a Dra. (Sra.) N K Shah,*** *Diretora do Departamento de Química da Faculdade de Ciências da Universidade de Gujarat, Ahmedabad, por me ter dado a oportunidade de trabalhar sob a sua orientação perspicaz. Estou-lhe profundamente grato por me ter ensinado uma abordagem sistemática, precisa e básica para realizar trabalhos de investigação "com pontualidade, dedicação e disciplina".*

Gostaria de agradecer ao ***Dr. Vikram Panchal,*** *Professor Associado', R Q. Shah Science College, Vasna, pelo seu apoio moral na minha vida.*

Gostaria de agradecer todo o coração à minha mãe ***Radha Wadhwani****, à minha irmã* ***Rakhi Wadhwani*** *e aos meus irmãos* ***Akash Wadhwani*** *e* ***Om Wadhwani*** *pelos seus sacrifícios e apoio inquestionável.*

Este trabalho não teria sido possível sem o apoio e a cooperação dos meus superiores, ***Dr. Purvi Trivedi, Dr. Vidhi Panchal, Unnati Naik, Dharmrajsinh Rana, Divya Q. Ladha*** *e* ***Suresh Kumar****, e dos meus amigos* ***Pinkish Sutariya, Savan Darjee, Ravi Chandra*** *e Jalpa* ***Patel****, pelo seu apoio, apoio moral, motivação, paciência para comigo e ajuda em todas as situações difíceis.*

Agradeço a Deus Todo-Poderoso por me ter concedido esta bênção misericordiosa.

Poonam M. Wadhwani

Índice

Introdução

Capítulo 1

1.1 Caraterísticas fundamentais da corrosão

Os metais e as ligas metálicas têm uma vasta aplicação no dia a dia. Não se encontram em estado puro, mas sim sob a forma de *"minério"*. É necessária uma grande quantidade de energia para o processo metalúrgico em que os metais são extraídos dos seus minérios [1]. A dificuldade de extrair metais dos seus minérios em termos de energia necessária está diretamente relacionada com a subsequente tendência para a corrosão. A corrosão é um processo natural em que o metal é deteriorado por reacções electroquímicas com o seu ambiente [2, 3]. As propriedades úteis de um metal, como a maleabilidade, a ductilidade e a condutividade eléctrica, perdem-se devido à corrosão [4 - 6]. O ritmo da corrosão é controlado não só pela natureza da superfície do metal, mas também pela natureza do ambiente, bem como pela evolução de ambos [7]. A corrosão enfraquece o metal e, por conseguinte, prejudica o ambiente devido aos elevados custos de inspeção, reparação e substituição de metais/ligas [8].

O problema da corrosão é motivo de grande preocupação para os economistas. A Índia perde cerca de 4% da dimensão da economia total devido à corrosão nos segmentos das infra-estruturas e da indústria, como afirma Sudhir Vasudev. O maior impacto da corrosão na economia dos EUA foi observado em 2013, pela primeira vez, quando o custo total da corrosão excedeu 1 trilião de dólares por ano [9].

1.2 Teorias da corrosão

Existem duas teorias gerais da corrosão: teoria do ataque químico / teoria seca e teoria eletroquímica / teoria húmida. Em ambos os tipos de corrosão, o metal é convertido num composto metálico, como óxidos, hidróxidos ou sulfatos. O processo de corrosão envolve sempre duas mudanças simultâneas: (i) o metal que é atacado ou oxidado sofre o que pode ser chamado de mudança anódica, e (ii) o agente corrosivo é reduzido e pode ser considerado como sofrendo mudança catódica.

1.2.1 Teoria Química / Teoria Seca

Os gases atmosféricos como o oxigénio, os halogéneos, o sulfureto de hidrogénio, etc., num ambiente seco, atacam diretamente os metais e forma-se uma película sólida do produto de corrosão na superfície do metal. Este fenómeno é conhecido como corrosão química. A película sólida protege o cobre, o zinco e o alumínio da corrosão, enquanto o ferro comum ou o aço macio não são impedidos. Por exemplo, a camada de óxido formada no metal de alumínio protege contra a corrosão, enquanto que os óxidos no metal de ferro dão origem ao produto de corrosão. Este tipo de corrosão deve-se aos gases presentes na atmosfera. Os metais alcalinos e alcalino-terrosos reagem por vezes diretamente com o oxigénio na ausência de humidade à temperatura ambiente, enquanto alguns reagem a baixa ou alta temperatura. Esta reação é conhecida como corrosão por oxidação. O óxido metálico forma-se devido à oxidação de um metal como uma película fina na superfície metálica. De acordo com a regra de Pilling - Bedworth, a camada de óxido será protetora e não porosa, se o volume de óxido metálico for maior ou igual ao volume do metal. Por outro lado, se o volume de óxido metálico for inferior ao volume do metal, então será não protetora e porosa. Assim, a camada de óxido metálico desempenha um papel significativo no processo de corrosão. É importante notar que o metal potássico, quando exposto ao ar, não só se oxida, como também se inflama violentamente. Outra forma de corrosão deste tipo é a corrosão de metal líquido. Em diversas indústrias, o metal fundido, como o mercúrio líquido, quando passa através dos metais, forma amálgama, corroendo-os [10].

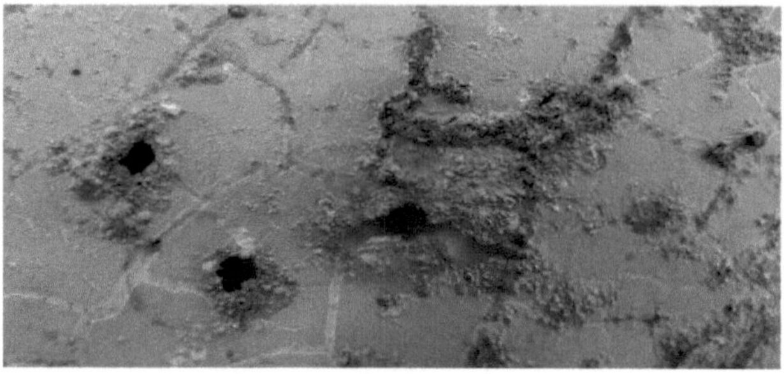

Figura 1: Ataque químico direto.

1,2,2 Teoria eletroquímica / Teoria húmida

A corrosão húmida ocorre através de uma reação química ou eletroquímica no ambiente circundante, na presença de humidade/oxigénio. De acordo com esta teoria, o metal e as suas ligas sofrem corrosão na natureza nas seguintes etapas:

Etapa I: Estabelecimento de zonas anódicas e catódicas: Todos os metais e ligas são eletricamente activos e têm um potencial elétrico específico num determinado ambiente químico. Este potencial é comummente referido como a "nobreza" do metal. Quanto menos nobre for um metal, mais facilmente pode ser corroído. Os constituintes de uma liga também têm potenciais eléctricos específicos que são geralmente diferentes uns dos outros. A exposição da superfície da liga a um ambiente corrosivo faz com que o metal mais ativo se torne anódico e o metal menos ativo se torne catódico, estabelecendo assim condições para a corrosão. Estas condições são designadas por células locais.

Etapa II: A oxidação tem lugar no ânodo: O metal com maior potencial de oxidação sofre uma reação de oxidação no ânodo, libertando assim electrões para o ambiente e passando para a solução para formar iões positivos. A formação destes iões destrói o metal.

Etapa III: A redução tem lugar no cátodo: Os electrões libertados pela reação anódica serão absorvidos pela água e pelo oxigénio, formando hidróxido ou hidrogénio na superfície catódica.

Fase IV: Formação do produto de corrosão: Os catiões produzidos na reação anódica reagem com os aniões produzidos na reação catódica, que sofrem ainda uma oxidação aérea para formar o produto de corrosão.

Quanto maior for a diferença de potencial elétrico entre os dois metais, maior será a gravidade do ataque corrosivo. Se, através da limpeza regular e do retoque da superfície, o meio for removido, eliminando assim o pequeno circuito elétrico que minimiza a corrosão [11]. Esta é a base para um controlo eficaz da corrosão.

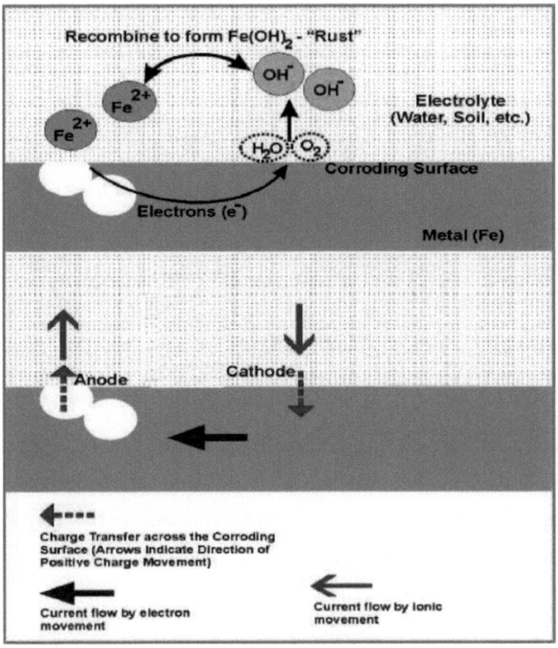

Figura 2: Ataque eletroquímico

1.3 A corrosão como elemento galvânico em curto-circuito

A corrosão envolve processos electroquímicos (processos Redox) em materiais metálicos. A reação eletroquímica compreende duas reacções parciais:

(a) Reação de oxidação: Este é o processo de corrosão, quando a dissolução do metal ocorre no ânodo. Por exemplo: Conversão dos átomos de ferro do estado metálico para o estado iónico.

$$Fe \rightarrow Fe^{2+} + 2\ e^-$$

(b) Reação de redução: De acordo com o princípio da neutralidade eléctrica, os electrões libertados pela reação de oxidação devem ser absorvidos por uma parte do ambiente adjacente ao metal, que é então reduzido. Este processo tem lugar no cátodo. Se o agente corrosivo for uma solução ácida, os protões são reduzidos, formando hidrogénio gasoso:

$$2\ H^{+} + 2\ e- \rightarrow H_2\ (gas)$$

Por outro lado, se o eletrólito for neutro ou alcalino, então o oxigénio nele dissolvido actuará como agente oxidante que interage com o metal e é reduzido.

$$O_2 + 2H_2O + 4e^- \rightarrow 4OH^-$$

O processo de corrosão total é composto por, pelo menos, um processo de oxidação e um processo de redução, que devem ocorrer em simultâneo.

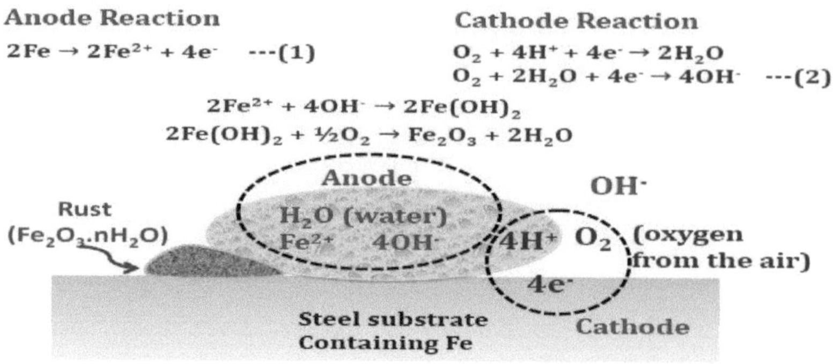

Figura 3: Diagrama esquemático de um elétrodo metálico corroído

Uma corrente anódica (positiva) corresponde à reação de oxidação que consiste na dissolução do ferro; uma corrente catódica (negativa) assemelha-se à reação de redução. Dado que os metais são condutores eléctricos e que o eletrólito é um meio corrosivo, tanto a reação anódica como a catódica constituem um elemento galvânico formalmente em curto-circuito - circula uma corrente I (corrente de corrosão):

$$I = \frac{\Delta V}{R_a + R_c + R_e}$$

A intensidade da corrente de corrosão é determinada pela diferença de tensão AV do elemento galvânico e pela resistência do ânodo Ra, do cátodo Rc e do eletrólito Re.

Os parâmetros termodinâmicos e cinéticos irão prever a viabilidade da reação de corrosão e a taxa de corrosão, respetivamente.

1.4 Factores que afectam a corrosão

I. Principais factores relacionados com o metal

II. Factores subordinados relacionados com o ambiente corrosivo

1.4.1 Principais factores relacionados com o metal:

i. Natureza do metal:

T tendência de um metal para sofrer corrosão depende da natureza do metal. Os metais com maior potencial de oxidação são facilmente susceptíveis à corrosão, enquanto os metais com menor potencial de oxidação são menos susceptíveis à corrosão. Os metais mais propensos à corrosão são os metais mais reactivos como o Mg, K, Na e os metais nobres como Ag, Au, Pt, Pd são menos propensos à corrosão, enquanto alguns metais apresentam a propriedade de passividade como o Al, Cr, Ti, Ta, Zn, etc.

ii. Estado da superfície do metal:

C orrosão é um fenómeno de superfície. A área de superfície do metal está diretamente relacionada com o processo de corrosão. As superfícies lisas são mais resistentes à corrosão do que as superfícies rugosas. Na superfície rugosa, devido aos altos e baixos, observa-se um grande número de concentrações de ar nas regiões anódicas e catódicas, o que resulta em corrosão.

iii. Natureza do produto de corrosão:

O produto da corrosão é geralmente um óxido de metal, e a natureza do produto decide a taxa do processo de corrosão posterior. Se a camada de óxido que se forma na superfície for estequiométrica, muito insolúvel e não porosa, com baixa condutividade iónica e eletrónica, este tipo de camada previne eficazmente a corrosão, formando uma película protetora. Por exemplo: Al, Cr, Ti desenvolvem uma tal camada de óxido na sua superfície que protege o metal da corrosão e alguns metais como Ta, Zr e Mo não só formam uma tal camada de óxido, como também formam uma película protetora. p camadas protectoras, mas são capazes de auto-reparar as películas de óxido quando estas são danificadas. Por conseguinte, estes metais são extremamente passivos. No entanto, se a camada de óxido formada na superfície do metal for não estequiométrica, solúvel, instável, porosa por natureza e tiver uma condutividade apreciável, então a corrosão continua. Por exemplo: camada de óxido formada em metais como Zn, Fe, Mg, etc.

iv. Sobretensão de hidrogénio:

I Se a sobretensão de hidrogénio do metal for menor, o processo de corrosão é mais vulnerável. Durante este processo, o hidrogénio gasoso evolui facilmente, levando a uma reação catódica mais rápida. Isto torna a reação anódica mais rápida, pelo que o processo de corrosão global é acelerado. Quando a sobretensão do hidrogénio é maior, a reação catódica torna-se lenta, o que diminui a taxa de corrosão do metal [12].

1.4.2 Factores subordinados relacionados com o ambiente corrosivo

i. pH do meio:

G Em geral, a taxa de corrosão aumenta com a diminuição do pH. Forma-se uma camada protetora de óxidos hidratados de ferro quando o pH é >10, o que diminui a taxa de corrosão do ferro. No entanto, em meios altamente alcalinos, metais como o Al, o Zn, etc., sofrem uma corrosão rápida. A presença de oxigénio é crucial para a corrosão do ferro entre pH 3 e 10. Quando o pH é≤ 3, a corrosão é acelerada, o que se deve à evolução contínua de H_2 no cátodo na ausência de ar.

ii. Temperatura:

Com o aumento da temperatura, as reacções de corrosão são normalmente aceleradas devido à condutância do meio aquoso. Assim, a taxa de difusão também aumenta. Por conseguinte, a corrosão processa-se mais rapidamente a temperaturas mais elevadas do que a temperaturas mais baixas.

iii. Presença de agentes oxidantes:

A taxa de corrosão do metal aumenta na presença de agentes oxidantes. Mesmo os metais nobres sofrem corrosão na presença de agentes oxidantes.

iv. Humidade:

A maior parte dos metais corroem mais rapidamente em atmosfera húmida do que em ar árido. Acima do valor crítico de humidade, a taxa de corrosão aumenta acentuadamente. A humidade fornece um meio condutor que é responsável pela formação de células electroquímicas na superfície e pela presença de gases como O_2, CO_2, SO_2, etc., para iniciar o processo de corrosão.

v. Presença de impurezas na atmosfera:

A presença de impurezas como NO_2, SO_2, HCl, CO_2 no ambiente aumenta a taxa de corrosão devido às condições ácidas criadas pela sua dissolução. Por exemplo, quando o SO_2 está presente como impureza na atmosfera, combina-se com a humidade ou a água da chuva formando ácido sulfúrico. Na presença de um ácido, um metal como o ferro é mais suscetível à corrosão.

vi. Condutância do meio:

A presença de espécies condutoras (sais químicos) na atmosfera aumenta a taxa de corrosão. Quanto maior for a condutividade do meio, mais rapidamente os iões podem migrar entre as regiões anódica e catódica da célula de corrosão. Assim, por sua vez, mais rápida será a troca de electrões nas superfícies dos eléctrodos. Estas espécies condutoras extraem a humidade do ar e resultam num processo de corrosão mais rápido. O sal químico mais comum é o cloreto de sódio (NaCl), que é um dos principais elementos da água do mar, onde o processo de corrosão é mais suscetível do que na água doce.

vii. Efeito da área:

A taxa de corrosão é grandemente influenciada pelas dimensões relativas das áreas catódica e anódica. No cátodo, os electrões são consumidos, enquanto no ânodo os electrões são libertados. Quando o ânodo é mais pequeno e a região catódica é maior, todos os electrões libertados no ânodo são rapidamente consumidos. Devido ao processo acima descrito, a reação anódica ocorre a uma taxa máxima, o que aumenta a taxa de corrosão. Quando o cátodo é mais pequeno, ocorre o processo inverso com uma diminuição da taxa de corrosão.

Por exemplo: Quando o ferro (Fe) é revestido com estanho (Sn) e são deixados alguns orifícios, formam-se áreas anódicas mais pequenas e áreas catódicas maiores porque o Sn é catódico em relação ao ferro, pelo que ocorre uma corrosão localizada intensa. Por outro lado, se o revestimento de Zn for aplicado ao Fe, a presença de orifícios de pinos sobre a superfície do Fe criará uma área anódica maior e uma área catódica menor, levando à diminuição da taxa de corrosão porque o Fe é catódico em relação ao Zn.

viii. Polarização na região do ânodo e do cátodo:

A polarização descreve a alteração do potencial do elétrodo (E) em relação ao potencial de equilíbrio (e) como resultado do fluxo de corrente. A polarização pode ocorrer no cátodo (polarização catódica) ou no ânodo (polarização anódica). A polarização anódica é a diminuição do potencial inicial do ânodo resultante do fluxo de corrente que é evidente na superfície do ânodo ou perto dela. Polarização catódica é o aumento do potencial catódico inicial resultante do fluxo de corrente. O potencial torna-se mais nobre (direção mais positiva) devido à polarização anódica e se o potencial se deslocar na direção negativa, trata-se de polarização catódica.

Polarização anódica: $E > e \text{ then } \eta = E - e \text{ (Positive)}$ ...(1)

Polarização catódica $E < e \text{ then } \eta = E - e \text{ (Negative)}$ ...(2)

O aumento da polarização do cátodo diminui a tendência para a reação de redução, levando à diminuição da taxa de corrosão. Devido à polarização anódica, a tendência para a oxidação diminui, o que reduz a taxa de corrosão.

1.5 Formas de corrosão

Dependendo do ambiente local da superfície, ocorrem vários processos de corrosão que podem ser divididos em três categorias:

Categoria I: A corrosão que pode ser identificada visivelmente inclui:

1.5.1 Corrosão uniforme

A corrosão uniforme (Figura 4) ocorre quando a corrosão está distribuída de forma algo uniforme pela superfície, o que se traduz numa redução de espessura relativamente uniforme. A corrosão uniforme é supostamente a forma mais comum de corrosão e responsável pela maior parte da perda de material. No entanto, não é uma forma perigosa de corrosão porque a estimativa da taxa de redução de espessura pode ser efectuada através de um teste simples. Este tipo de corrosão ocorre quando não existe diferença de potencial entre quaisquer pontos da superfície do metal.

Figura 4: Corrosão uniforme

1.5.2 Corrosão por picadas

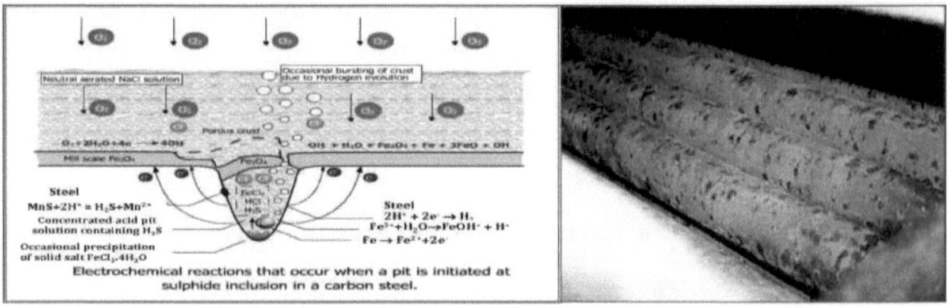

Figura 5: Corrosão por picadas

A corrosão por pite (Figura 5) é uma das formas mais perigosas de corrosão do alumínio e do aço e é a mais problemática em condições de pH quase neutro com aniões corrosivos Cl^- ou SO_4^{2-} presentes no meio [13-14]. Caracteriza-se por furos estreitos com um raio de magnitude igual ou inferior à profundidade. A formação de pites é iniciada pela adsorção de aniões agressivos, como halogenetos e sulfatos, que penetram através da película passiva em irregularidades na estrutura do óxido até à interface metal-óxido. Não é claro porque é que o evento de rutura ocorre localmente. Na estrutura altamente desordenada de uma superfície metálica, os aniões agressivos aumentam a dissolução do óxido passivante. Além disso, a absorção de iões halogenados provoca um forte aumento da condutividade iónica na película de óxido, de modo que os iões metálicos da superfície metálica podem migrar através da película. Os aços inoxidáveis têm uma elevada resistência à formação de pites. Por conseguinte, formam-se poucos pites, mas quando estes se formam, podem crescer muito rapidamente devido à grande área catódica e à pequena área do ânodo [15-16]. As diferenças de potencial entre diferentes pontos da superfície metálica resultam na corrosão por pite, que ocorre geralmente em superfícies heterogéneas de metais.

1.5.3 Corrosão em fendas

A corrosão em fendas ocorre por baixo de depósitos e em fendas estreitas que obstruem o fornecimento de oxigénio [17-18]. Este oxigénio é inicialmente necessário para a formação da película passiva e, posteriormente, para a passivação e reparação. A corrosão em fendas (Figura 6) é uma corrosão localizada, concentrada em fendas em que o espaço é suficientemente largo para que o líquido entre na fenda, mas demasiado estreito para que o líquido flua. Uma forma especial de corrosão em fendas que ocorre no aço e no alumínio por baixo de uma película protetora de metal ou fosfato, como nas latas expostas à atmosfera, é designada por corrosão filiforme [19].

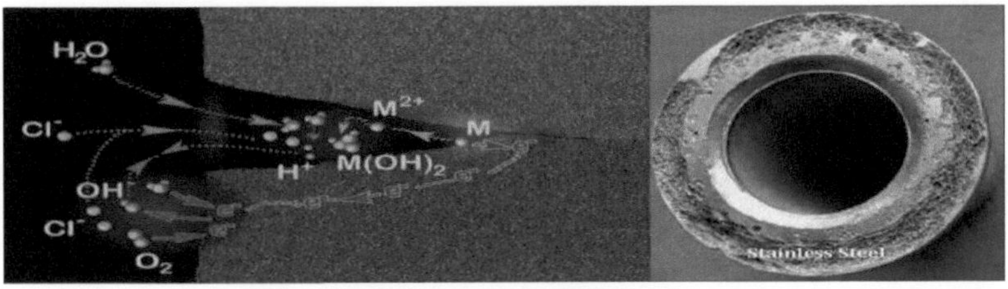

Figura 6: Corrosão em fendas

1.5.4 Corrosão galvânica

A corrosão galvânica ocorre quando um contacto metálico é feito entre um metal mais nobre e um menos nobre [20-22]. A presença de eletrólito entre os metais é condição necessária para o estabelecimento de um circuito fechado. O rácio de área entre o cátodo e o ânodo é muito importante. Por exemplo, se o metal catódico mais nobre tiver uma grande área de superfície e o metal menos nobre tiver uma área relativamente pequena, uma grande reação catódica deve ser equilibrada por uma reação anódica correspondentemente grande concentrada numa pequena área, resultando numa taxa de reação anódica mais elevada. Isto leva a uma maior taxa de dissolução do metal ou taxa de corrosão. Por conseguinte, o rácio entre a área catódica e a área anódica deve ser mantido o mais baixo possível. A corrosão galvânica é um dos principais problemas práticos de corrosão do alumínio e das ligas de alumínio, bem como do ferro e das suas ligas (Figura 7).

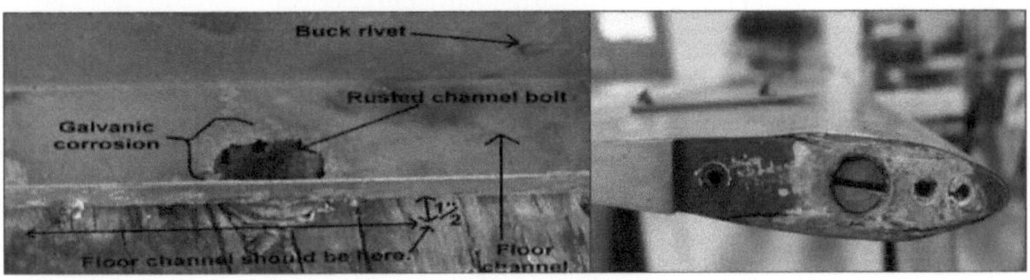

Figura 7: Corrosão galvânica

Categoria II: A corrosão que é identificada por ferramentas de exame especiais inclui:

1.5.5 Corrosão intergranular

A corrosão intergranular (Figura 8) é o ataque localizado com propagação na estrutura do material, sem que haja corrosão importante noutras partes da superfície [23,24]. A principal causa deste tipo de corrosão é a presença de elementos galvânicos devido a diferenças na concentração de impurezas ou elementos de liga. Na maioria dos casos, existe uma zona de metal menos nobre nos limites de grão que actua como ânodo, enquanto o resto da área forma o cátodo. O rácio de área entre o cátodo e o ânodo é muito grande e, por conseguinte, a taxa de corrosão pode ser elevada. O exemplo mais conhecido de corrosão intergranular está associado aos aços austeníticos. Uma forma especial de corrosão intergranular nas ligas de alumínio é a corrosão por esfoliação. É mais comum em ligas de Al, Cu, Mg, e também é observada noutras ligas de alumínio onde o cobre está ausente [25].

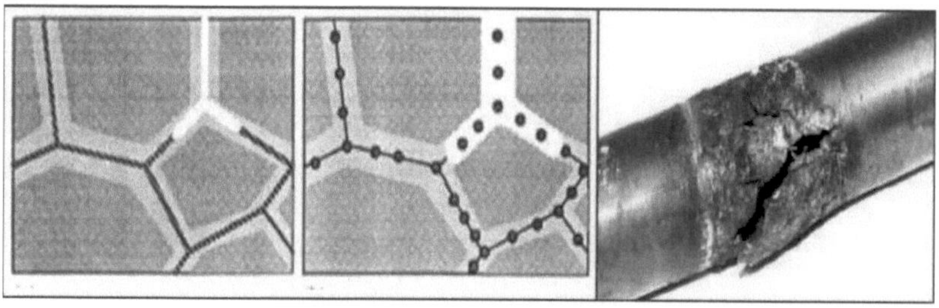

Figura 8: Corrosão intergranular

1.5.6 Lixiviação selectiva/ Lixiviação por corrosão de desalojamento

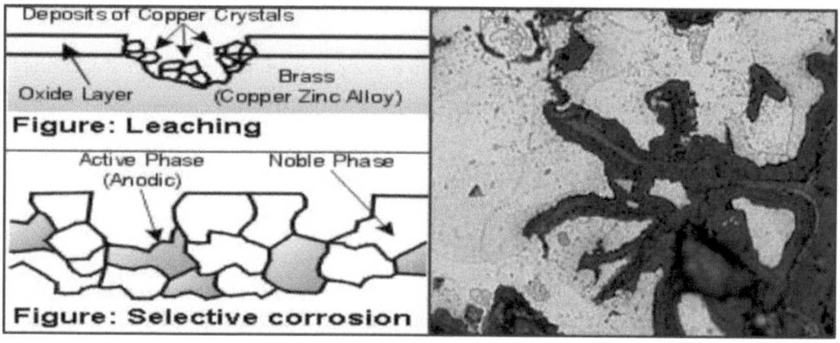

Figura 9: Corrosão por lixiviação selectiva

A corrosão selectiva ou lixiviação selectiva (Figura 9) ocorre em ligas em que um elemento é menos nobre do que os outros [26]. Como resultado desta forma de corrosão, o metal menos nobre é removido do material, dando origem a um material poroso com resistência e ductilidade muito baixas. No entanto, as regiões que são corroídas seletivamente são por vezes cobertas com produtos de corrosão ou outros depósitos. Assim, o componente mantém exatamente a mesma forma, tornando a corrosão difícil de descobrir.

1.5.7 Erosão ou corrosão por abrasão

A corrosão por erosão ou abrasão ocorre quando há um movimento relativo entre um fluido corrosivo e um material metálico nele imerso (Figura 10) [27]. Quando as partículas de desgaste se movem paralelamente à superfície do material, a corrosão é chamada de corrosão por abrasão. Por outro lado, a corrosão por erosão ocorre quando as partículas de desgaste se movem num ângulo em relação à superfície do substrato. Nestes casos, a superfície do material é exposta ao desgaste mecânico, conduzindo a superfícies metalicamente limpas, o que resulta num metal mais ativo. Os materiais mais sensíveis são aqueles normalmente protegidos por camadas de óxido passivas com resistência e adesão inferiores ao substrato, como o chumbo, o cobre, o aço e algumas ligas de alumínio.

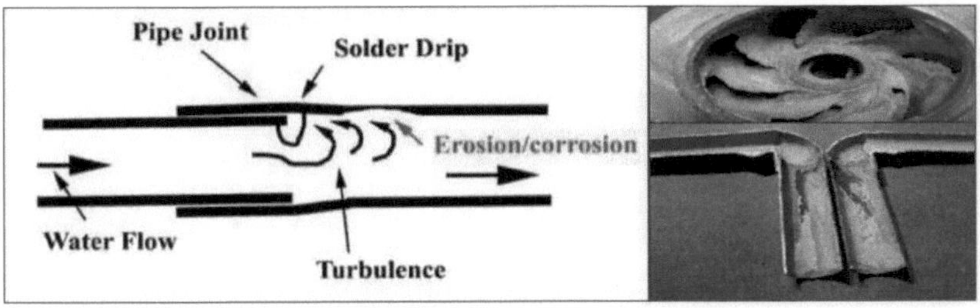

Figura 10: Erosão Corrosão

1.5.8 Corrosão por cavitação

A corrosão por cavitação ocorre em condições dinâmicas de fluidos que causam grandes variações de pressão devido a altas velocidades, como é frequentemente o caso das turbinas de água, hélices, rotores de bombas e superfícies externas de revestimentos de cilindros húmidos em motores a diesel. Enquanto a corrosão por erosão tem um padrão que reflecte a direção do fluxo, os ataques por cavitação são buracos profundos que crescem perpendicularmente à superfície. As cavidades estão frequentemente localizadas perto umas das outras ou crescem em conjunto em áreas mais pequenas ou maiores, formando uma superfície rugosa e esponjosa (Figura 11) [24].

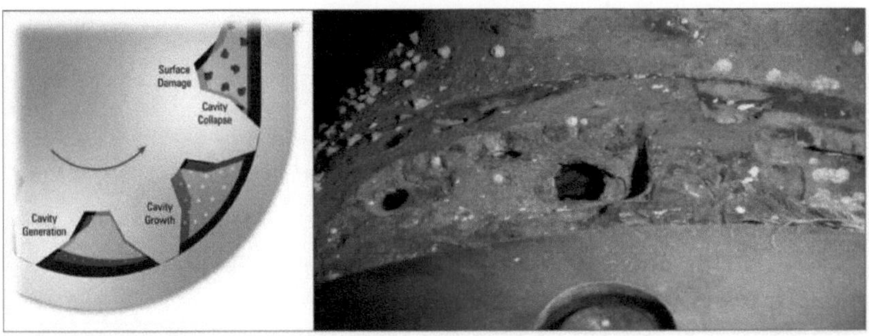

Figura 11: Corrosão por cavitação

1.5.9 Corrosão por atrito

A corrosão por atrito (Figura 12) ocorre na interface entre dois componentes estreitamente ajustados quando estes são sujeitos a um ligeiro movimento relativo repetido [28]. O movimento relativo pode variar de menos de um nanómetro a vários micrómetros de amplitude. Os objectos vulneráveis deste tipo são os encaixes, as juntas aparafusadas e outras montagens em que a interface está sob carga.

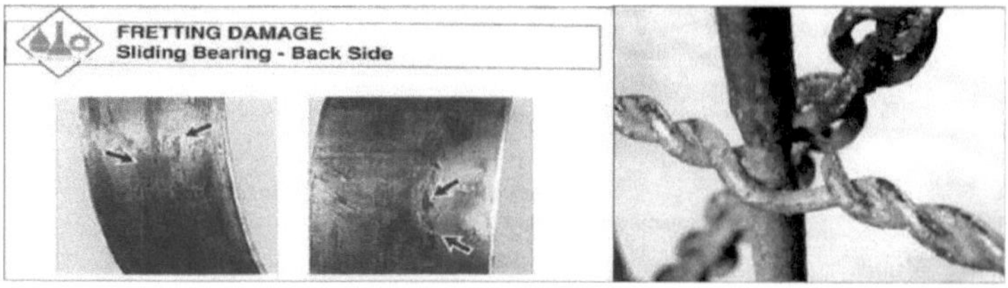

Figura 12: Corrosão por atrito

1.5.10 Esfoliação Corrosão

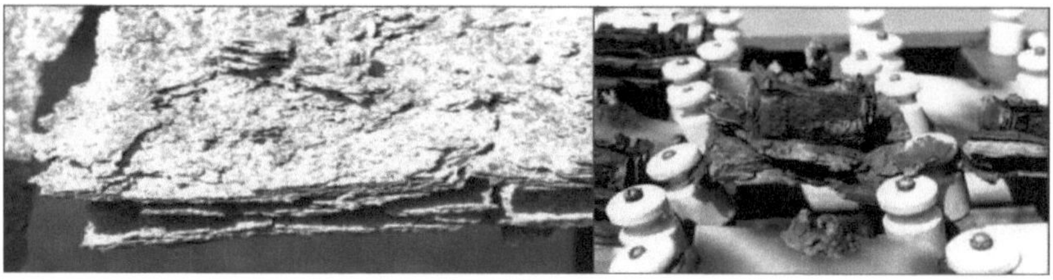

Figura 13: Corrosão por esfoliação

A corrosão por esfoliação (Figura 13) é uma forma de corrosão intergranular que envolve o ataque seletivo de um metal nos limites de grão ou adjacente a eles. Neste processo, o produto de corrosão formado força o metal a afastar-se do corpo do material, dando origem a um aspeto em camadas.

Categoria III: As formas de corrosão que são identificadas por exames microscópicos incluem:

1.5.7 Escalonamento

As incrustações (Figura 14) em tubagens, caldeiras, serpentinas, jactos, aspersores, torres de arrefecimento e permutadores de calor surgem sempre que é utilizada água dura. A formação de incrustações pode afetar grandemente o desempenho da transferência de calor. Um mm de espessura de incrustação, por exemplo, pode acrescentar 7,5% aos custos de energia, enquanto 1,5 mm acrescenta 15% e 7 mm pode aumentar o custo em mais de 70%. Muitos factores podem afetar a incrustação, que é basicamente a deposição de sólidos minerais nas superfícies interiores das linhas de água e dos recipientes, ocorrendo mais frequentemente quando a água que contém carbonatos ou bicarbonatos de cálcio e magnésio é aquecida.

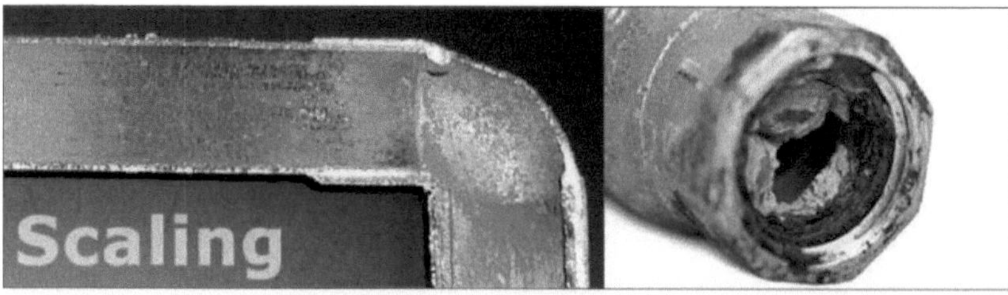

Figure 14: Scaling corrosion

1.5.8 Ataque interno

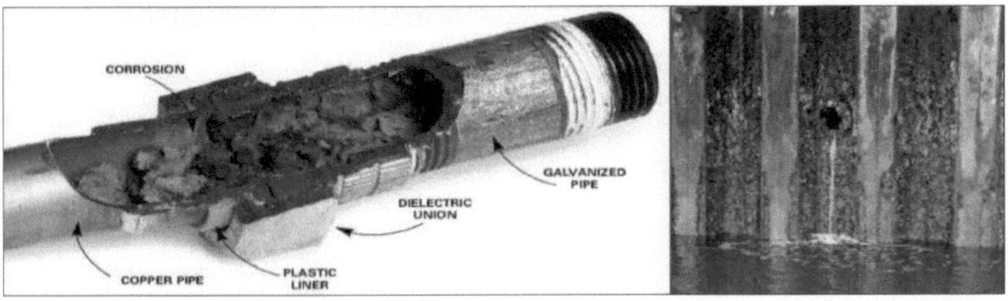

Figura 15: Ataque interno Corrosão

A corrosão (Figura 15) ocorre nas paredes internas das condutas devido à presença de dióxido de carbono (CO_2), sulfureto de hidrogénio (H_2S), oxigénio ($O_{(2)}$), água (H_2O), metano (CH_4) e etano (C_2H_6), que contribuem para a degradação das películas finas de interno das linhas de fluxo, resultando na possibilidade de corrosão extensiva. Além disso, a taxa de corrosão é também influenciada pela temperatura, pressão, velocidade do fluxo e estado da superfície do metal [29].

1.5.9 Corrosão Fadiga

Figura 16: Fadiga por corrosão

A corrosão-fadiga (Figura 16) é a ação combinada de tensões alternadas ou cíclicas e de um ambiente corrosivo. Na corrosão por fadiga, a película passiva protetora é rompida, o que acelera o processo. Se o metal for simultaneamente exposto a um ambiente corrosivo, a falha pode ocorrer com cargas ainda mais baixas e após um período de tempo mais curto.

1.5.10 Fissuração por corrosão sob tensão

Figura 17: Fratura por corrosão sob tensão

A fissuração por corrosão sob tensão é definida como a formação de fissuras devido aos efeitos simultâneos da tensão de tração estática e da corrosão [30-33]. A tensão de tração pode ter origem numa carga externa, forças centrífugas, alterações de temperatura ou tensão interna, soldadura ou tratamento térmico. As fissuras formam-se normalmente em planos normais à tensão de tração e propagam-se intergranularmente ou transgranularmente, podendo ser ramificadas.

A fadiga por corrosão é a formação de fissuras devido a tensões variáveis combinadas com a corrosão. A fissuração por corrosão sob tensão desenvolve-se sob tensão estática, enquanto a fadiga por corrosão se desenvolve sob tensão, sendo esta a diferença básica entre as duas [34].

1.6 Prevenção da corrosão

A proteção da superfície do metal deve ser o principal objetivo para evitar a corrosão, porque todas as reacções de corrosão são reacções superficiais. Ao retardar as reacções anódicas ou catódicas, a taxa de corrosão pode ser reduzida. Isto pode ser conseguido de várias formas:

1.6.1 Condicionamento de metais

Esta pode ser subdividida em dois grupos principais:

i. Revestimento de metal:

A fim de interpor um revestimento resistente à corrosão entre o metal e o ambiente, pode ser efectuado [35].

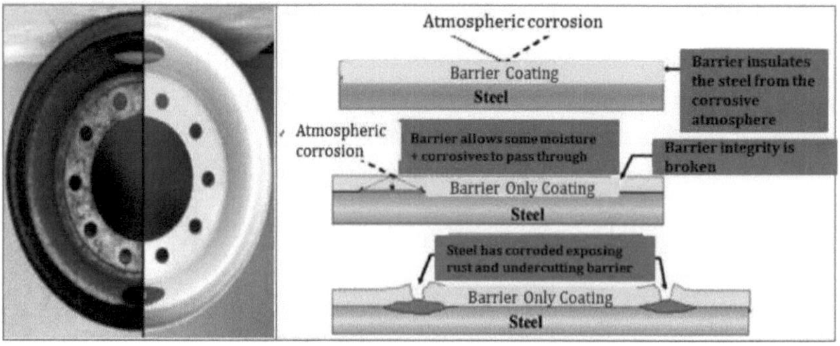

Figura 18: Revestimento de metal

ii. Ligar o metal:

Figura 19: Ligas metálicas

Para produzir uma liga mais resistente à corrosão, por exemplo, o aço inoxidável, em que o aço normal é ligado com crómio e níquel. O aço inoxidável é protegido por uma película invisivelmente fina, formada naturalmente, de sesquióxido de crómio Cr_2O_3 [36]. O bronze e o cuproníquel são exemplos de ligas utilizadas para fabricar moedas.

1.6.2 Controlo eletroquímico

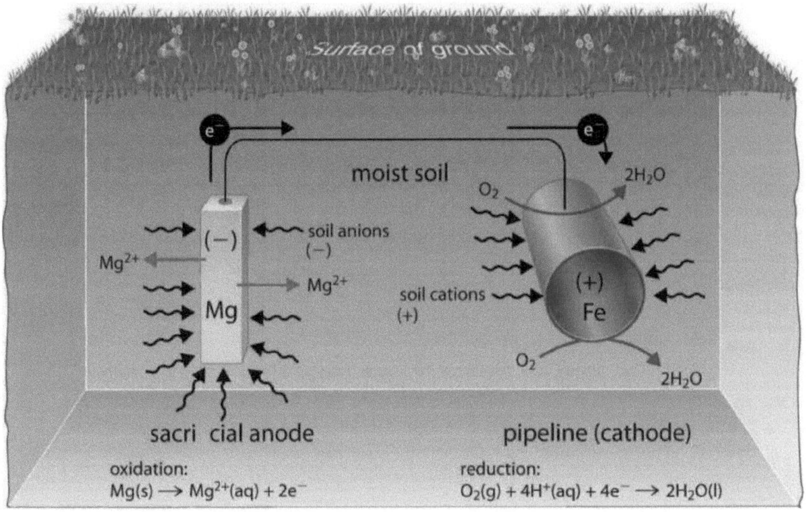

Figura 20: Ânodo de sacrifício

Sendo a corrosão um processo eletroquímico, o seu avanço pode ser estudado através da avaliação das alterações que ocorrem no potencial do metal com o tempo ou com as correntes eléctricas aplicadas. Pelo contrário, a velocidade das reacções de corrosão pode ser controlada através da passagem de correntes anódicas ou catódicas para o metal. Se, por exemplo, os electrões forem introduzidos no metal e atingirem a interface metal/eletrólito (uma corrente catódica), a reação anódica será abafada enquanto a taxa de reação catódica aumenta. Este processo é designado por proteção catódica e só pode ser aplicado se existir um meio condutor adequado, como a terra ou a água, através do qual a corrente possa fluir para o metal a proteger. A proteção catódica do ferro pode ser obtida utilizando uma fonte de alimentação de corrente contínua (corrente impressa) ou obtendo electrões a partir da dissolução anódica de um metal que esteja abaixo do ferro na série galvânica, como o alumínio, o zinco ou o magnésio (ânodos sacrificiais). Obtém-se uma proteção semelhante quando o aço é revestido com uma camada de zinco [37].

1.6.3 Condicionamento do ambiente corrosivo

i. Remoção de oxigénio:

O oxigénio é um dos componentes responsáveis pela corrosão que pode ser removido de um sistema aquoso com um pH entre 6,5 e 8,5, utilizando agentes redutores fortes, como o sulfito.

ii. Inibidor de corrosão:

Um inibidor de corrosão é um aditivo químico que, quando adicionado a um ambiente aquoso corrosivo, reduz a taxa de desperdício de metal. Pode funcionar de uma das seguintes formas:

a. Inibidores anódicos:

Os inibidores anódicos actuam normalmente através da formação de uma película protetora de óxido na superfície do metal, causando um grande desvio anódico do potencial de corrosão. Esta deslocação força a superfície metálica para a região de passivação. São também por vezes designados por passivadores. Os cromatos, nitratos, tungstatos e molibdatos são alguns exemplos de inibidores anódicos [38].

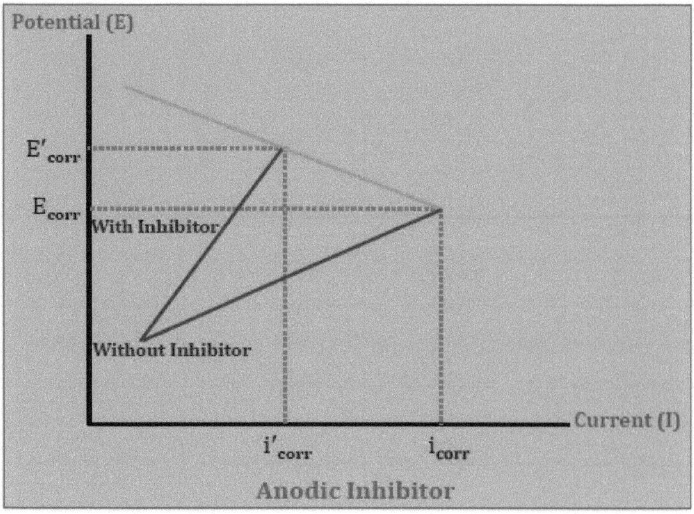

Figura 21: Mecanismo do inibidor anódico

b. Inibidores catódicos:

Os inibidores catódicos actuam quer retardando a própria reação catódica, quer precipitando seletivamente em áreas catódicas para limitar a difusão de espécies redutoras para a superfície. A taxa de reacções catódicas pode ser reduzida através da utilização de venenos catódicos. Contudo, os venenos catódicos podem também aumentar a suscetibilidade de um metal à fissuração induzida pelo hidrogénio, uma vez que o hidrogénio pode também ser adsorvido pelo metal durante a corrosão aquosa ou a carga catódica. A taxa de corrosão pode também ser reduzida pela utilização de absorventes de oxigénio que reagem com o oxigénio dissolvido. Os iões sulfito e bissulfito são exemplos de absorventes de oxigénio que podem combinar-se com o oxigénio para formar sulfato.

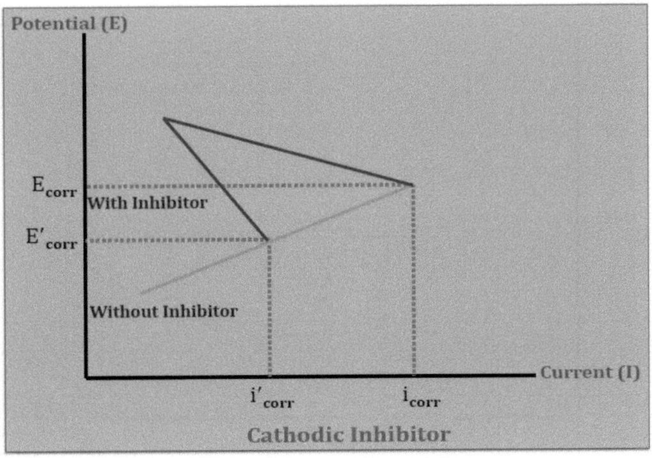

Figura 22: Mecanismo do inibidor catódico

c. Inibidores mistos:

Os inibidores mistos funcionam reduzindo tanto as reacções catódicas como as anódicas. São tipicamente compostos formadores de película que causam a formação de precipitados na superfície, bloqueando indiretamente os locais anódicos e catódicos. A água dura, que é rica em cálcio e magnésio, é menos corrosiva do que a água macia devido à tendência dos sais da água dura para se precipitarem na superfície do metal, formando uma película protetora. Os inibidores mais comuns desta categoria são os silicatos e os fosfatos. O silicato de sódio, por exemplo, é utilizado em muitos descalcificadores de água domésticos para evitar a ocorrência de ferrugem. Nos sistemas de água quente arejada, o silicato de sódio protege o aço, o cobre e o latão. No entanto, a proteção nem sempre é fiável e depende muito do pH. Os fosfatos também necessitam de oxigénio para uma inibição eficaz. Os silicatos e os fosfatos não conferem o grau de proteção proporcionado pelos cromatos e nitritos, no entanto, são muito úteis em situações em que são necessários aditivos não tóxicos [39].

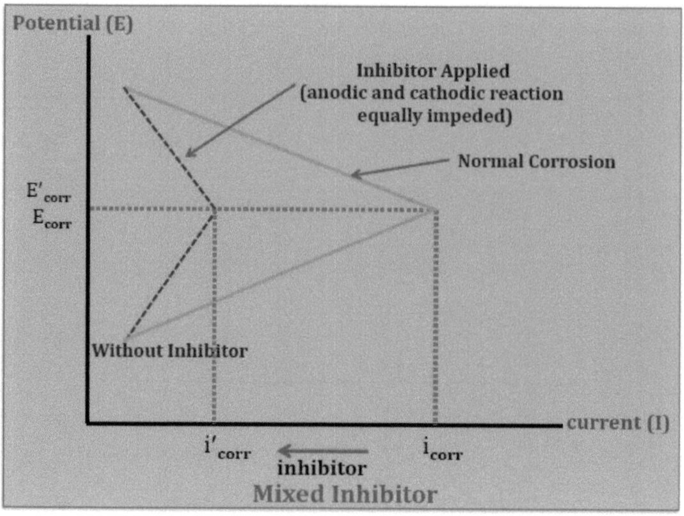

Figura 23: Mecanismo do inibidor misto

d. Inibidores de corrosão do tipo adsorção

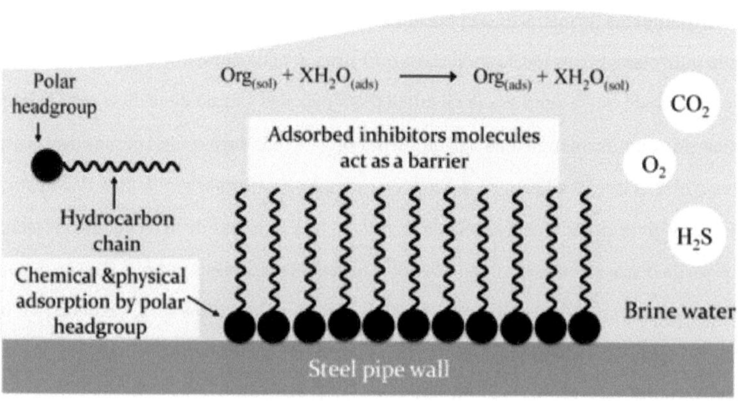

Figura 24: Inibidores de adsorção

Muitos inibidores orgânicos funcionam através de um mecanismo de adsorção que afecta tanto os processos anódicos como os catódicos, sendo assim duplamente activos [40]. A película resultante do inibidor quimisorvido é então responsável pela proteção, quer bloqueando fisicamente a superfície do ambiente corrosivo, quer retardando os processos electroquímicos.

1.7 Referências

1. T. Charng e F. Lansing, Relatório Técnico da NASA, Relatório de Progresso da TDA, **1982**, 42-69.

2. R.W. Revie e H.H. Uhlig, Definition and importance of corrosion, Corrosion and corrosion control,

2008, 1-2.

3. B.A. Shaw e R.G. Kelly, "O que é a corrosão?", The Electrochemical Society Interface, primavera, **2006**, 24-26.

4. R. Saravanan e M. Prema Rani, Metals and Alloy Bonding: Uma Análise Experimental, Capítulo 1, **2011**, 4

5. T. Burakowski e T. Wierzchon, Surface Engineering of Metals: Principles, Equiment, Technologies, Capítulo 6, **1998**, 209.

6. ASM International Handbook Committee, Metal Handbook, **1990**, 1048.

7. M. Wollmann, Teoria da corrosão, Integridade estrutural, fissuração por corrosão sob tensão e fadiga por corrosão, **2012**, 1-3.

8. J.R. Davis, The Effects and Economic Impact of Corrosion, Capítulo 1, 1, **2003**.

9. S. Vasudev, Corrosion a major threat in India, NACE CORCON, **2013**.

10. J. Bessone, Corrosion Science, 48, **2006**, 4243-4256.

11. E. Bardal, Wet Corrosion: Caraterísticas, Prevenção e Taxa de Corrosão, Corrosão e Proteção, **2003**, 4-6.

12. V. Kucera, Effect of acidification on corrosion of structures and cultural property, Acidification in tropical countries, **1988**, 167-183.

13. U. Bertocci, Advances in Localized Corrosion, NACE, Actas da 2nd Conferência Internacional sobre Corrosão Localizada, Orlando, FL, **1987**, 127.

14. F.A. Administration, Aviation Maintenance Technician Handbook, Capítulo 6, **2008**, 6-4.

15. E. Smith, F.R.N. Nabarro, (ed.); Dislocations in Solids, North Holland Publishing Co., Nova Iorque, 4, **1979**, 365.

16. H. Kaesche, The Corrosion of Metals; Physico-Chemical Principles and Atual Problems, Springer-Verlag, Berlin, **1966**, 374.

17. P. Combrade, Crevice Corrosion of Metallic Materials in Corrosion Mechanism in Theory and Practice, 2nd ed., New York-Basel: Marcel Dekker, **2002**.

18. H. Leidheiser, Coatings in Corrosion Mechanisms, Nova Iorque-Basileia: Marcel Dekker, **1987**, 183-186.

19. F.P. Ijsseling, Survey of Literature on Crevice Corrosion (1979-1998), The Institute of Materials, Londres, **2000**.

20. B. Wallen, T. Anderson, Galvanic Corrosion of Copper Alloys in Contact with a Highly Alloye Stainless Steel in Seawater, 10th Scandinavian Corrosion Congress, **1986**, 149-154.

21. S. C. Dexter, Galvanic Corrosion, University of Delaware Sea Grant College Program, novembro **de** **1999**.

22. E. Bardal, J.M. Drugli, P.O. Gartland, A Review-The Behaviour of Corrosion Resistant Steels in Seawater, Corrosion Science, 30, **1987**, 343-353.

23. Livro Anual das Normas ASTM, Parte 10, ASTM, Filadélfia, **1981**.

24. H.H. Uhlig, Corrosion and Corrosion Control, Nova Iorque-Londres: John Wiley & Sons, **1971**.

25. J.E. Hatch, Aluminium: Properties and Physical Metallurgy, Materials Park, OH: ASM International, **1984**, 301.

26. E. Bardal, Corrosion and Protection, Springer, **2003**, 135-136.

27. I.M. Hutchings, The Erosion of Materails by Liquid Flow, MTI Publishing, Materials Technological Institute of the Chemical Processing Industry, 25, **1986**.

28. E. Bardal, Corrosion and Protection, Springer, **2003**, 154.

29. C. Vargel, Corrosion of Aluminium, **2004**, 113-141.

30. M. G. Fontana, Corrosion Engineering, Mc Graw-Hill, Nova Iorque, **1986**.

31. E. Bardal, Corrosion and Protection, Springer, 2, **2003**, 154.

32. J. R. Davis, Corrosion: Understanding the Basics, ASM International, **2000**, 25.

33. J. D. Lees, Characteristics of Stress Corrosion Fracture Initiation and Propagation, Metallurgist and Materials Technology, 14-1, **1982**, 29-38.

34. E. Bardal, Corrosion and Protection, Springer, **2003**, 170.

35. A. Bahadori, Corrosão e seleção de materiais, 1, **2014**, 308-310.

36. L.T. Popoola, A.S. Grema, G.K. Latinwo, B. Gutti e A.S. Balogun, International Journal of Industrial Chemistry, 4, **2013**, 1-15.

37. S.N. Banerjee, Uma introdução à ciência da corrosão e sua inibição, 1, **1985**, 569-580.

38. S. Papavinasam, Corrosion inhibitors, Uhlig's corrosion handbook, **2000**, 10911092.

39. U.R. Evans, Uma introdução à corrosão metálica, 3, **1981**, 196-200.

40. E. Poulsen e L. Mejlbro, Diffusion of chloride in concrete: theory and application, CRC Press, **2010**.

Revisão da literatura

Capítulo 2

2.1 Propriedades e aplicações do aço macio

Propriedades: O aço macio é um aço de baixo carbono que contém carbono até aproximadamente 0,35%. O aço macio tem uma maleabilidade comparativa, ductilidade, baixa resistência à tração e a dureza da superfície pode ser aumentada através da cementação. O aço macio tem propriedades ferromagnéticas, o que o torna ideal para o fabrico de dispositivos eléctricos e motores. O aço macio é facilmente magnetizado. O aço macio pode ser maquinado e moldado facilmente devido à sua flexibilidade inerente. A densidade do aço macio é de 7,85 g/cm^3 [1].

Aplicação: O aço macio é amplamente utilizado em indústrias como a química e a metalúrgica. Devido às suas enormes propriedades mecânicas, o aço macio é utilizado como material de construção para tubagens de fundo de poço e linhas de fluxo. Nas indústrias petroquímicas, é utilizado para condutas de transmissão. As condutas de aço desempenham um papel importante no transporte de gases e líquidos em todo o mundo.

O aço macio pode ser utilizado para balas, porcas e parafusos, parafusos, painéis de carroçaria de automóveis, produtos de arame, tubos, vigas, correntes, dobradiças, facas, armaduras, tubos, ímanes, etc. É frequentemente utilizado quando são necessárias grandes quantidades de aço, por exemplo, como aço estrutural. O aço macio é utilizado em quase todos os produtos siderúrgicos não especializados - automóveis, produtos domésticos, aço de construção. Os sinais de "mobiliário" urbano, os postes de vedação, o arame, a chapa, as latas de conserva, etc., também utilizam o metal, ou seja, o aço macio em excesso [2-6].

2.2 Termodinâmica da Corrosão

Uma base sólida para a compreensão do fenómeno da corrosão é dada por uma ciência poderosa, ou seja, a Termodinâmica, que fornece informações sobre se a reação é possível ou não. A corrosão do aço macio é um processo eletroquímico que inclui o seguinte mecanismo em solução ácida:

(a) Reação anódica:

$$Fe + A^{n-} \rightarrow (FeA^{n-})_{ads} \quad (1) \qquad (FeA^{n-})_{ads} \rightarrow (FeA)_{ads} + ne^- \quad (2)$$

$$(FeA)_{ads} \rightarrow (FeA^{n+})_{ads} + ne^- \quad (3) \qquad (FeA^{n+})_{ads} \rightarrow (Fe^{2+})_{ads} + A^{n-} \quad (4)$$

(b) Reação catódica:

$$Fe + H^+ \rightarrow (FeH^+)_{ads} \quad (5) \qquad (FeH^+)_{ads} + ne^- \rightarrow (FeH)_{ads} \quad (6)$$

$$(FeH^+)_{ads} + H^+ + ne^- \rightarrow Fe + H_2 \quad (7)$$

O eletrão que foi produzido na reação anódica será utilizado pela reação catódica. A termodinâmica define o equilíbrio entre o metal e as condições ambientais, tais como a temperatura, a pressão e a composição química, que foi determinada pelo potencial do elétrodo [7, 8].

2.3 Diagrama de Pourbaix

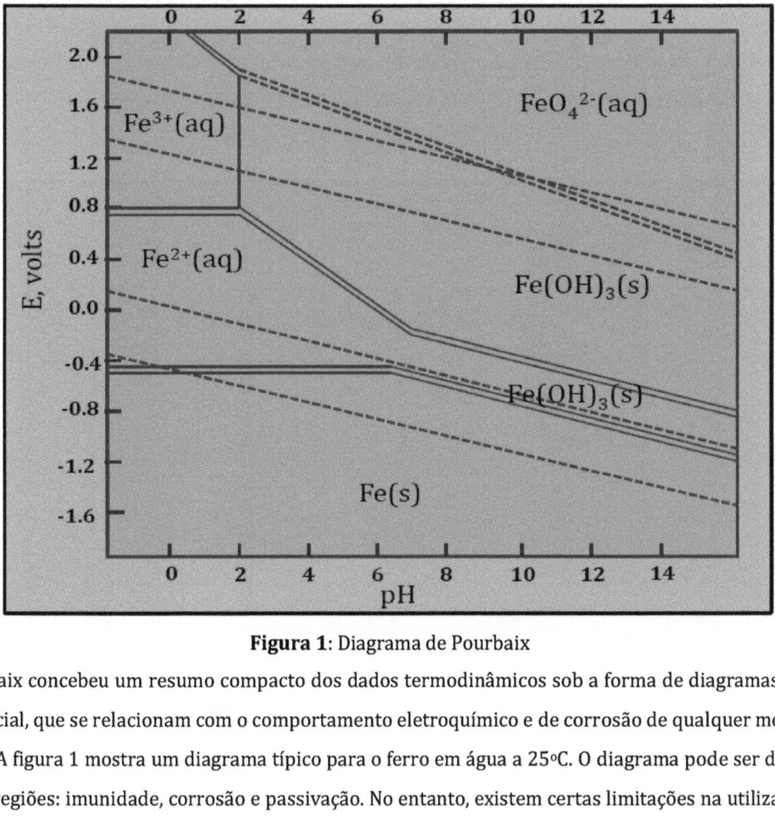

Figura 1: Diagrama de Pourbaix

Pourbaix concebeu um resumo compacto dos dados termodinâmicos sob a forma de diagramas de pH potencial, que se relacionam com o comportamento eletroquímico e de corrosão de qualquer metal em água. A figura 1 mostra um diagrama típico para o ferro em água a 25ºC. O diagrama pode ser dividido em 3 regiões: imunidade, corrosão e passivação. No entanto, existem certas limitações na utilização de tais diagramas. A informação relativa às taxas de reação é muito limitada e, além disso, a informação apresentada é derivada de metais e ambientes puros [9]. Por conseguinte, deve notar-se que esses diagramas potencial-pH apenas fornecem informações parciais sobre as taxas de reação. As taxas de corrosão estão no domínio da cinética do elétrodo.

No entanto, uma vantagem muito útil deste tipo de diagrama é que fornece um método simples de prever uma condição específica de potencial e pH sob a qual qualquer metal em particular pode ou não reagir com um eletrólito, e tem sido demonstrado que a utilização de tais diagramas como modelos teóricos de previsão de valores de pH e potencial dá boas correlações com situações reais. Como exemplo, pode considerar-se a situação em que o ferro está parcialmente coberto pelo seu óxido e imerso numa solução neutra a pH 7. Se o potencial cair para -0,6 V em relação ao elétrodo padrão de hidrogénio (SHE), verifica-se na Figura 1 que se encontra numa condição de imunidade. Do mesmo modo, se as condições forem as mesmas que as mencionadas acima, mas com um potencial que desce apenas para -0,2 V em relação ao elétrodo de calomelano saturado (SCE), então o ferro estará ainda em estado de corrosão. Quando o pH é < 7, o ferro encontra-se numa zona de corrosão, mas quando o pH é

> 7, o ferro encontra-se numa zona de passivação.

Assim, para proteger o ferro contra a corrosão, a proteção baseia-se no facto de o potencial se reduzir até ao ponto em que entra no domínio da imunidade, região em que a corrosão do ferro é teoricamente impossível. Por exemplo, quando o pH é inferior a 10, E_v = -0,62V (SHE) = -0,89V (SCE).

2.4 Cinética da corrosão

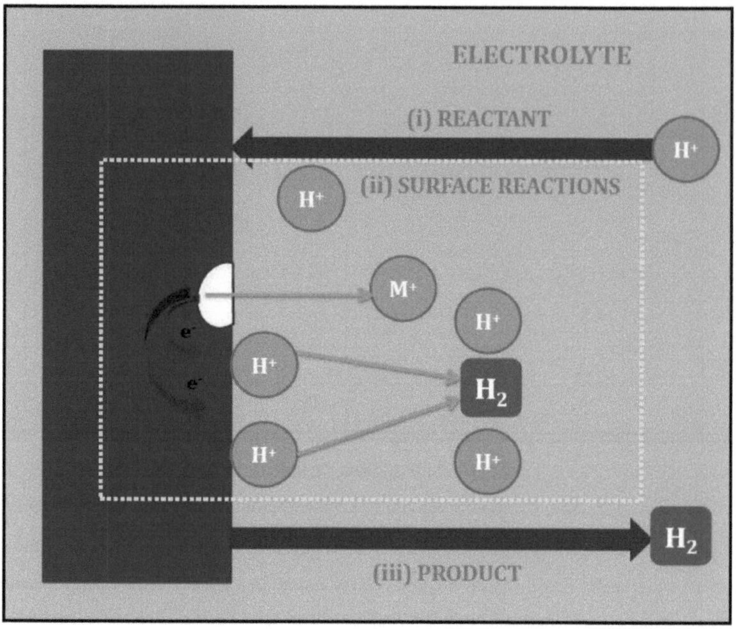

Figura 2: Cinética do processo de corrosão

O processo de corrosão é considerado um fenómeno heterogéneo que ocorre em três etapas sequenciais: (i) transporte de agentes oxidantes da solução electrolítica para a interface da solução metálica, (ii) reação eletroquímica na interface e (iii) transporte dos produtos para fora da interface. A representação esquemática do processo de corrosão é ilustrada na Figura 2. A velocidade global de corrosão é controlada pela etapa sequencial mais lenta. Quando o fenómeno de transporte é capaz de se processar a taxas superiores às actividades electroquímicas interfaciais, a corrosão é regida pela electrode-cinética e diz-se que está sob polarização de ativação. Pelo contrário, quando a capacidade da reação eletroquímica é relativamente elevada, a taxa de corrosão global é controlada pelo transporte de massa.

2.5 Revisão da literatura sobre inibidores orgânicos em aço macio (MS)

Uma solução denominada licor de decapagem, que contém ácidos fortes, está a ser utilizada para a remoção de impurezas superficiais, tais como contaminantes inorgânicos, manchas, ferrugem ou incrustações de metais ferrosos, cobre, ligas de alumínio, etc. Este processo é conhecido como processo de decapagem. A decapagem ou descalcificação química é uma das várias etapas de pré-tratamento disponíveis para preparar o metal para processamento posterior, como a passivação ou o electropolimento , ou para obter um processo de limpeza superior de estruturas soldadas. O principal ácido utilizado no processo de decapagem é o ácido clorídrico, enquanto o ácido sulfúrico era anteriormente mais comum. O ácido clorídrico é mais caro do que o ácido sulfúrico, mas decapagem muito mais rapidamente, reduzindo a perda de metal de base. Outros ácidos, como o ácido nítrico e o ácido fosfórico, também são utilizados para a decapagem de metais. O processo de decapagem ou limpeza com ácido é difícil de manusear devido à sua corrosividade e não é adequado para todos os aços [10, 11].

O metal sofre facilmente corrosão durante o processo de decapagem. Para ultrapassar este problema, o método mais adequado é a utilização de inibidores que reduzem o processo de corrosão. Os inibidores de corrosão ajudam a isolar o metal de vários ambientes corrosivos, formando uma película protetora e adsorvendo-se assim à superfície do metal. Anteriormente, eram utilizados como inibidores de corrosão compostos inorgânicos como cromatos, nitritos e fosfatos. Mas devido à sua toxicidade e risco ambiental, a utilização destes inibidores foi restringida [12-14]. Atualmente, as moléculas/compostos que contêm grupos funcionais polares ou heteroátomos como o azoto, o oxigénio, o fósforo ou o enxofre estão a ser amplamente utilizados como inibidores de corrosão [15-18].

Quando os inibidores são adsorvidos na superfície do metal, forma-se uma camada protetora que retarda o processo de corrosão, protegendo assim a superfície do metal. A eficiência de inibição dos compostos orgânicos depende principalmente da estrutura e das propriedades químicas da camada formada na superfície do metal. Foi efectuado um extenso trabalho de investigação sobre a EM em meios ácidos, em que os compostos orgânicos são utilizados como inibidores de corrosão, e alguns dos trabalhos de investigação relatados foram destacados por ordem cronológica:

Em 1984, M.N. Desai e M.B. Desai relataram o número de compostos carbonílicos como inibidores de corrosão para aço macio em soluções 1-6 N de ácido clorídrico [19].

M.N. Desai et al. em 1986, investigaram sete bases de schiff em soluções 1-6N de HCl para aço macio e calcularam a eficiência da inibição da corrosão. A avaliação das energias de ativação na presença e ausência de todas as bases de Schiff foi calculada. Todos os inibidores eram de natureza catódica [20].

J . de Damborenea et al., em 1997, examinaram quatro *n-alquil* aminas (6, 8, 10 e 12 átomos de carbono) como inibidores da corrosão do aço macio em solução de ácido clorídrico 2 M, utilizando técnicas gravimétricas e de polarização. Os efeitos da concentração do inibidor e da temperatura foram calculados. A eficiência de inibição aumentou quando a concentração do inibidor e o comprimento da cadeia alquílica foram aumentados. A isotérmica de adsorção de Frumkin foi observada a partir do estudo de adsorção [21].

A propriedade protetora dos compostos de base de Schiff derivados de diaminas e o-hidroxi, *o-metoxi* aldeídos aromáticos (1998), em aço macio, foi investigada por perda de peso, medições electroquímicas e análise da superfície de SS 400 em diferentes soluções aquosas, tais como água da torneira (LC), água da torneira concentrada (HC) e soluções de HCl. Observou-se que a eficiência máxima de inibição *(η)* de N,N'-bis (salicilaldeído)-1,12-diaminododecano (Saldn) para SS 400 em solução de HCl se aproximou de 93% [22].

F. Bentisset al., em 1999, prepararam um novo derivado de triazol, especificamente, 3,5-bis (2-tienil)-4-amino-1,2,4-triazóis (2-TAT), utilizando várias técnicas de monitorização da corrosão, tais como testes de perda de peso da corrosão e espetroscopia de impedância eletroquímica. Foi inspeccionada a ação inibidora da corrosão do aço macio em banhos ácidos. O 2-TAT foi considerado uma substância não citotóxica. Os valores de R_t e C_{dl} foram indicativos da formação da película protetora que cresce com o aumento do tempo de exposição. O tipo de inibidor anódico foi detectado no estudo eletroquímico. Verificou-se que a adsorção deste inibidor obedecia à isotérmica de adsorção de Langmuir em ambos os ácidos. Além disso, no mesmo ano, o autor estudou o 2[5-(2-piridil)-1,2,4-triazol- 3-il] fenol (PPT) em aço macio em ácido clorídrico 1 M, com espetroscopia de impedância eletroquímica (EIS), curvas de polarização potenciodinâmica e medições gravimétricas. O PPT foi um inibidor de tipo misto detectado a partir da medição da polarização potenciodinâmica. O comportamento de corrosão do aço macio em HCl 1 M por adição de 80 mg/l de PPT foi estudado na gama de temperaturas de 25°C a 60°C. O PPT foi adsorvido na superfície do aço macio detectado por microscopia eletrónica de varrimento (SEM) e espetroscopia de fotoelectrões de raios X (XPS) [23, 24].

E. E. Ebenso, em 1999, explorou o efeito da alteração dos grupos funcionais de algumas amidas e derivados de tiossemicarbazona no aço macio, utilizando as técnicas de perda de peso e de evolução do hidrogénio. Os compostos utilizados para este estudo foram a ureia (U), a tioureia (TU), a acetamida (A), a tioacetamida (TA), a semicarbazida (SC), a tiossemicarbazida (TSC), a metoxibenzaldeído-tiossemicarbazona (MBTSC), a 2-acetilpiridina-(4-fenil)tiossemicarbazona (2AP4PTSC), 2-acetilpiridina-(4-metil) (2AP4MTSC), benzointhiosemicarbazona (BZOTSC) e benzilthiosemicarbazona (BZITSC) com vista a estabelecer uma relação entre a eficiência do inibidor e a estrutura molecular. O efeito da temperatura foi também tomado em consideração. O autor estudou que as moléculas que contêm um grupo tiocarbonilo, por exemplo TU, TA e TSC, têm uma maior eficiência de inibição em comparação com U, A e SC. A extensão da sua tendência para inibir a corrosão em superfícies de aço macio a 30ºC a 40ºC foi a seguinte: TSC > TU > TA, no entanto, para os derivados de tiossemicarbazona, a ordem é BZOTSC > BZITSC > MBTSC > 2AP4MTSC < 2AP4PTSC [25].

Fouad Bentiss et al. estudaram a inibição do aço macio por 3,5-difenil-4H-1,2,4- triazol em solução ácida a 30°C através de medições electroquímicas e de perda de peso. Foi observado um inibidor de corrosão de tipo misto a partir das curvas de polarização e foram obtidas eficiências de inibição até 98%. A adsorção na superfície do aço macio em solução de HCl 1 M contendo as moléculas de DHT foi percebida a partir de espetroscopia de fotoelectrões de raios X (XPS) [26].

Em 2001, M.A. Quraishi et al. estudaram o efeito de algumas hidrazidas de ácidos orgânicos, nomeadamente: hidrazida de ácido salicílico (SAH), hidrazida de ácido antranílico (AAH), hidrazida de ácido benzoico (BAH) e hidrazida de ácido cinâmico (CAH) na inibição da corrosão do aço macio na presença de HCl 1 N. B.I Ita e O.E Offiong observaram a propriedade inibidora do benjoim (BN), benzil (BL), benjoim-(4-feniltiossemicarbazona) (BN4PTSC) e benzil-(4-feniltiossemicarbazona) (BL4PTSC) na corrosão do aço macio em ácido clorídrico. O efeito inibitório dos 2,5-bis(*n-piridil*)-1,3,4-tiadiazóis (*n-PTH*) na corrosão do aço macio em HCl 1 M e H2SO4 0,5 M foi investigado por M. El Azhar et al. [27-29].

M. Quraishi e D. Jamal, em 2001, sintetizaram um novo inibidor de corrosão, nomeadamente, 4-salicilidenoamino-3-hidrazino-5-mercapto-1,2,4-triazole (SAHMT), e a sua influência na inibição da corrosão do aço tubular de poços de petróleo (N-80) e do aço macio em solução de ácido clorídrico (HCl) a 15% em condições de ebulição, utilizando o método de perda de peso. O SAHMT inibe a corrosão de ambos os aços bloqueando o sítio ativo do metal e a adsorção do inibidor obedece à isotérmica de adsorção de Temkin [30].

Um novo inibidor de corrosão, nomeadamente: 4-(2'-amino-5'-metilfenilazo) antipirina (AMPA) foi sintetizado por Rehim et al. no ano de 2001, e o seu desempenho inibidor em relação ao aço macio em solução de HCl 2 M foi relatado. Foi detectado que a eficiência de inibição aumenta com o aumento da concentração de AMPA, mas diminui com o aumento da temperatura. Para além disso, os dados de polarização mostraram que o composto atingiu um inibidor de tipo misto. Verificou-se que a adsorção obedece à isotérmica de adsorção de Flory-Huggins e ao modelo termodinâmico-cinético de El Awady [31].

M.A. Quraishi e J. Rawat prepararam três compostos macrocíclicos, nomeadamente 2,3,9,10-tetramethyl-6,13-dithia-1,4,5,7,8,11,12,14-octaaza-cyclotetradeca-1,3,6,8,10,13- hexaene (MTAT), 3,4,9,10-tetramethyl-7,12-dithia-1,2,5,6,8,11-hexaazacyclododecane- 2,4,7,8,10,12-hexaene (MTAD), 3,4,9,10-tetrametil-7,12-dioxa-1,2,5,6,8,11-hexaazaciclododecano-2,4,7,8,10,12-hexaeno (MOAD) para sondar o efeito inibidor da corrosão em HCl 5 N por perda de peso e estudos de polarização potenciodinâmica. Foram também registadas as eficiências de inibição (IE) e as taxas de corrosão (CR) destes compostos a três temperaturas diferentes, de 25 a 70 °C. Observou-se um enriquecimento na IE destes compostos com a acumulação de iodeto de potássio (KI) devido ao sinergismo e verificou-se que o MTAT é um inibidor misto por natureza [32].

M. Ladrenee et al. (2002) investigaram a eficácia de inibição de um novo derivado de triazol, nomeadamente: 3,5-bis(4-metiltiofenil)-4H-1,2,4-triazol (4-MTHT) para aço macio em ácido clorídrico 1 M e ácido sulfúrico 0,5 M. Os autores relataram que o 4-MTHT se comportou melhor em 1 M HCl do que em 0,5 M H_2SO_4 e foram obtidas eficiências de inibição até 99% e 80%, respetivamente. Foram também observados vários parâmetros do efeito da temperatura. A adsorção de 4-MTHT seguiu a isotérmica de adsorção de Langmuir que se ajusta aos dados experimentais em ambos os ácidos [33].

Em 2003, Hui-Long Wang et al. premeditaram o composto mercapto-triazol, nomeadamente: 4-salicilidenoamino-3-fenil-5-mercapto-1,2,4-triazol (SAPMT). B. El Mehdi et al. investigaram novos derivados de triazóis, nomeadamente: 3,5-di(*m-tolil*)-4-amino-1,2,4-triazol (*m-DTAT*) e 3,5-di(*m-tolil*)-4H-1,2,4-triazol (*m-DTHT*) em aço macio (MS) em solução de ácido clorídrico (HCl) 1,0 M, empregando técnicas de perda de peso e electroquímicas [34, 35].

M.A. Quraishi e D. Jamal observaram o efeito inibidor de cinco dianils substituídos denominados: 1,4-di-dimetil aminobenzilenodiaminofenileno (DDAP); 1,4-divanilenodiaminofenileno (DVAP); 1,4-dissalicilenodiaminofenileno (DSAP); 1,4-dibenzilenodiaminofenileno (DBAP) e 1,4-dicinamilenodiaminofenileno (DCAP). O estudo foi feito para a inibição do aço macio em ácido clorídrico 1N e ácido sulfúrico 1N utilizando técnicas de perda de peso e electroquímicas. Entre os cinco compostos estudados, o autor relatou que o 1,4-dicinamilenodiamino-aminofenileno (DCAP) foi o mais eficiente. Foram estudados vários parâmetros, como a concentração dos compostos, a temperatura, o tempo de imersão e a natureza das soluções ácidas [36].

K .C. Emregul e O. Atakol estudaram a inibição da corrosão do aço macio com compostos de base de Schiff derivados do salicilaldeído e da amina correspondente, tais como *N*- (2-hidroxifenil) salicaldimina, *N*-(2-metilfenil)salicaldimina, *N*-(2-metoxifenil)salicaldimina e *N*-(2-nitrofenil)salicaldimina-HCl, utilizando técnicas electroquímicas. Verificou-se que o composto *N*-(2-metilfenil)salicaldimina é um inibidor mais eficiente do que os outros [37].

M.A. Quraishi e R. Sardar sintetizaram três inibidores, nomeadamente: 2-hidroxifenil-5-mercapto-1-oxa-3,4-diazol (HMO), 2-fenil-5-mercapto-1-oxa-3,4-diazol (PMO) e 2-cinamil-5-mercapto-1-oxa-3,4-diazol (CMO) no laboratório e a sua influência na inibição da corrosão do aço macio em HCl 1 N e H2SO4 1 N foi investigada. O autor também sintetizou derivados de tioureia em 2003 para aço macio em solução de ácido fórmico [38, 39].

O.K. Abiola e N.C. Oforka estudaram a adsorção do ácido (4-amino-2-metil-5-pirimidinilmetiltio) acético (AMMPTA) em aço macio a partir de uma solução de ácido clorídrico, utilizando técnicas de perda de peso e de evolução do hidrogénio. Os parâmetros termodinâmicos do processo de adsorção foram obtidos a partir de dados experimentais utilizando a isotérmica de adsorção de Bockris-Swinkels [40].

No próximo ano, F. Bentiss et al. analisaram o efeito dos isómeros de 1,2,4- e 1,3,4-tiadiazóis substituídos com 3-piridilo (3-PTHD e 3-PTH) na corrosão do aço macio em meios ácidos (1 M HCl e 0,5 M H_2SO_4) através de medições de perda de peso e técnicas electroquímicas (espetroscopia de impedância e curvas de polarização). Foi efectuada uma modelação molecular para correlacionar as propriedades de inibição da corrosão com os parâmetros químicos quânticos calculados. Além disso, no mesmo ano, foram sintetizados 2,5-bis(4-dimetilaminofenil)-1,3,4-oxadiazol (DAPO) e 2,5-bis(4-dimetilaminofenil)- 1,3,4-tiadiazol (DAPT) e a sua ação inibidora na corrosão do aço macio em HCl 1 M e H_2SO_4 0,5 M a 30 °C foi investigada por várias técnicas de monitorização da corrosão. O DAPT foi ligeiramente mais eficaz em H2SO4 0,5 M do que em HCl 1 M, enquanto o DAPO é mais eficaz em HCl 1 M. Dos dois, o DAPT parece ser um melhor inibidor [41, 42].

A. Popova investigou oito diazóis como inibidores da corrosão do aço macio em ácido clorídrico 1 M e correlacionou os parâmetros electrónicos (efeitos de indução e mesoméricos dos substituintes, valores do potencial de ionização) com a estrutura química (área molecular) das moléculas de diazóis, tendo sido observadas as suas propriedades inibidoras [43].

Hui-Long Wang, em 2004, sintetizou em laboratório derivados de mercapto-triazol contendo diferentes heteroátomos e substituintes em estruturas orgânicas, tendo investigado a corrosão e a permeação de hidrogénio do aço macio em HCl 1,0 M. Os resultados obtidos revelam que todos os derivados de mercapto-triazol têm um excelente desempenho como inibidores da corrosão do aço macio em HCl 1,0 M. Os valores de capacitância de dupla camada e de resistência à transferência de carga foram obtidos a partir de gráficos de Nyquist obtidos em estudos de impedância AC. Estes compostos mostraram alterações nos parâmetros de impedância indicativas da adsorção destes compostos na superfície do metal. A extensão da redução da corrente de permeação de hidrogénio através da superfície do aço macio foi estudada pela técnica de electropermeação de hidrogénio. A energia livre de adsorção para o processo de inibição foi determinada com base na isotérmica de adsorção de Langmuir [44].

M. Lebrini et al., em 2005, calcularam a eficiência de inibição de uma nova classe de derivados de tiadiazóis, nomeadamente: 3,5-bis(2-tienil)-1,3,4-tiadiazol (2-TTH) e 3,5-bis(3- tienil)-1,3,4-tiadiazol (3-TTH), para o aço macio em 1 M HCl. O potencial de carga zero (PZC) do aço macio foi estudado pelo método de impedância AC, e o mecanismo de adsorção foi previsto. A análise de superfície por espetroscopia de fotoelectrões de raios X com derivados de tiadiazol mostrou que estes são quimisorvidos na interface aço macio/HCl [45].

No mesmo ano, H. Ashassi-Sorkhabi et al. observaram derivados da primidina, como a benzilideno-pirimidina-2-il-amina (A), (4-metil-benzilideno)-pirimidina-2-il-amina (B), (4-cloro-benzilideno)-pirimidina-2-il-amina (C), e derivados da piridina, como a benzilideno-piridina-2-il-amina (A), (4-benzilideno)-piridina-2-il-amina (B) e (4-cloro-benzilideno)-piridina-2-il-amina (C) como inibidores da corrosão do aço macio em HCl 1 M, o que foi determinado por medições gravimétricas e pelo método de polarização eletroquímica. Os resultados mostraram que, a concentrações muito baixas, estes inibidores apresentaram uma boa inibição da corrosão. As curvas de polarização indicam que todos os compostos são inibidores de tipo misto. Parece que uma inibição eficiente é caracterizada por uma diminuição relativamente maior da energia livre de adsorção. Foram obtidas correlações significativas entre a eficiência da inibição e os parâmetros químicos quânticos utilizando o método da relação quantitativa estrutura-atividade (QSAR) [46, 47].

E. E. Oguzie explorou o efeito do corante azul de metileno (MB) no aço macio em solução de HCl através de técnicas gravimétricas a 30 e 60°C. A eficiência da inibição aumentou com a concentração de MB, mas diminuiu com o aumento da temperatura , com um valor máximo de 9495% obtido para 5,0 mM de MB a 30°C. Foi reconhecido o mecanismo de adsorção física do MB na superfície do aço macio. Estes resultados foram ainda corroborados por parâmetros cinéticos e de ativação para processos de corrosão e adsorção avaliados a partir de dados experimentais [48].

No ano seguinte, K.F. Khaled estudou a eficiência de inibição de alguns novos derivados do ácido carboditióico da hidrazina, nomeadamente o ácido *N'*-furan-2-il-metileno-hidrazina carboditióico (A), o ácido *N'*-(4-dimetilamino-benzilideno)-hidrazina carboditióico (B) e o ácido *N''*-(3-nitro-benzilideno)-hidrazina carboditióico (C) utilizando várias técnicas para aço macio em solução de HCl 0,5N. A eficiência de inibição segue a ordem C > B > A. As propriedades electrónicas destes inibidores, obtidas utilizando o método de campo de auto-consistência semi-empírico PM3, foram correlacionadas com as suas eficiências experimentais utilizando o método de regressão não linear [49].

F. A Bentiss avaliou o efeito inibidor de um novo derivado da piridazina, nomeadamente o 1,4- bis(2-piridil)-5H-piridazino[4,5-b]indole (PPI), contra a corrosão do aço macio em soluções de HCl 1 M através de técnicas de perda de peso e electroquímicas (curvas de polarização potenciodinâmica e espetroscopia de impedância). A espetroscopia de fotoelectrões de raios X (XPS) e o cálculo teórico da densidade eletrónica foram realizados para estabelecer o mecanismo de inibição da corrosão do aço macio com PPI em meio 1 M HCl. A película quimisorvida na superfície do aço foi a principal razão para a inibição da corrosão [50].

Síntese de novos inibidores da corrosão do aço macio em meio ácido, como a 4-cloro-acetofenona-0-1'-(1',3',4'-triazolil)-meteno-oxima (CATM), 4-metoxil-acetofenona-0-1'-(1',3',4'-triazolil)-meteno-oxima (MATM) e 4-fluoro-acetofenona-0-1'-(1',3',4'-triazolil)-meteno-oxima (FATM)) foram premeditadas por W. Li et al. Foram efectuados cálculos químicos quânticos ab initio para conhecer a relação entre a estrutura molecular destes compostos e a sua eficiência de inibição [51].

Mais uma vez, em 2007, F. Bentiss et al. observaram o consumo de alguns derivados do *4H-triazol*, nomeadamente: 3,*5-difenil-4H-1*,2,4-triazol (DHT), 3,5-bis(4-piridil)-*4H-1*,2,4- triazol (4-PHT) e 3,5-

bis(4-metiltiltiofenil)-*4H-1*,2,4-triazol (4-MTHT) para proteção contra a corrosão e dissolução de aço macio em solução normal de ácido clorídrico. As consequências experimentais obtidas mostraram que o 4-MTHT foi o melhor inibidor eficaz e a eficiência de inibição está na seguinte ordem 4- MTHT > 4-PHT > DHT. O tipo e a natureza dos substituintes presentes na molécula do inibidor foram responsáveis pela diferença na eficiência inibidora. A modelação molecular foi utilizada para obter uma melhor compreensão das eficiências de inibição [52].

H. H. Hassan efectuou um estudo comparativo do 5-amino-1,2,4-triazol (5-ATA), do 5-amino-3-mercapto-1,2,4-triazol (5-AMT), do 5-amino-3-metiltio-1,2,4-triazol (5-AMeTT) e do 1-amino-3-metiltio-1,2,4-triazol (1-AMeTT) como inibidores da corrosão do aço macio em solução de HCl 0,1 M a 20 °C. Também foram efectuadas medições do potencial de circuito aberto (OCP) em função do tempo até atingir os potenciais de estado estacionário (E_{st}). O 5-AMT atingiu um valor de eficiência de inibição (IE%) de até 96% a uma concentração de 10^{-3} M e provou ser o inibidor mais eficiente. Verificou-se que o aumento da temperatura aumentava grandemente a IE% até atingir um patamar de cerca de 80% para o 5-AMT e mais de 90% para os outros compostos entre 323 e 348 K. Vários parâmetros termodinâmicos e de ativação foram calculados utilizando a equação quadrática sugerida com base numa dependência quadrada inversa da capacidade térmica em relação à temperatura [53, 54]. A fração 1,3,4-tiadiazol foi preparada para estudar o efeito inibidor da corrosão do aço macio em soluções normais de ácido clorídrico por M. Lebrini et al. A distribuição de frequências e, por conseguinte, um elemento de modelação com comportamento de dispersão de frequências, um elemento de fase constante (CPE), foram obtidos a partir de dados EIS. A modelação molecular foi realizada num esforço para comparar as propriedades de inibição da corrosão com os parâmetros químicos quânticos calculados [55].

G. Avci, em 2008, inspeccionou o ácido indol-3-acético como inibidor da corrosão do aço macio em meio ácido (HCl 0,5 M) a diferentes temperaturas, utilizando polarização potenciodinâmica, espetroscopia de impedância eletroquímica e medições da resistência à polarização. Os resultados experimentais mostraram que o potencial de corrosão se deslocou para uma região de potencial mais negativa na presença de ácido indol-3-acético do que na solução em branco. A eficiência de inibição foi de cerca de 77% com uma concentração de inibidor de 1,7 x 10^{-3} M, que foi aumentada para cerca de 93% com 1 x 10^{-2} M. O efeito do tempo de imersão na corrosão do aço macio também foi testado [56].

As purinas e os seus derivados, como a guanina, a adenina, a 2,6-diaminopurina, a 6-tioguanina e a 2,6-ditiopurina, foram investigados como inibidores da corrosão do aço macio em solução de HCl 1 M por Ying Yan. Os gráficos de Nyquist da impedância foram expressos principalmente como um loop capacitivo deprimido com diferentes compostos e concentrações. Verificou-se que a ordem de eficiência de inibição era 2,6-ditiopurina > 6-tioguanina > 2,6-diaminopurina > adenina > guanina com a maior eficiência de inibição de 88,0% para 10^{-3} M de 2,6-ditiopurina. A adsorção pertence à adsorção física

[57].

No mesmo ano, o efeito de inibição da corrosão do 4-{[(1Z)-(2-cloroquinolin-3-il)metileno]amino} fenol (CAP), do *N*-[(1Z)-(2-cloroquinolin-il)metileno]-*N*-(4- metoxifenil)amina (CMPA) e do *N*-[(1E)-(2-cloroquinolin-3-il)metileno]-*N*-(4- nitrofenil)amina (CNPA) foi estudado por R. A. Prabhu et al. A. Prabhu et al. em aço macio em HCl 1,0 M a 300 K. O CAP apresentou o melhor desempenho com mais de 97% de IE. A análise da superfície foi efectuada por Microscopia Eletrónica de Varrimento [58]. E.A. Noor e A.H. Al- Moubaraki analisaram os processos de adsorção de inibidores em aço macio/1-metil-4[4' (-X)-estiril] iodetos de piridínio (X: -H, $-CH_3$ e $-OCH_3$)/sistemas de ácido clorídrico a várias temperaturas (25-60 °C) através de medições da evolução do hidrogénio (HE) e da perda de peso (WL). Estes inibidores foram eficientes a baixa temperatura e alta concentração. Os parâmetros cinéticos e termodinâmicos para a corrosão do aço macio e a adsorção do inibidor, respetivamente, foram determinados e discutidos. A eficiência de inibição do inibidor estava na ordem crescente como: I-H < II-CH_3 < III-OCH_3 [59]. Além disso, em 2009, o autor sintetizou o derivado oxo-triazol (DTP) e a sua ação inibidora na corrosão do aço macio em ácido sulfúrico e investigou o efeito inibidor através da perda de peso, polarização potenciodinâmica, EIS e SEM [60]. No mesmo ano, S. Zhang et al. investigaram alguns novos derivados de triazol como inibidores de corrosão em aço macio em soluções de ácido clorídrico 1 M através de testes de perda de peso, medições electroquímicas, análise por microscópio eletrónico de varrimento e cálculos químicos quânticos. Foram calculadas diferentes propriedades electrónicas, como os níveis de energia da orbital molecular mais ocupada (HOMO) e da orbital molecular menos ocupada (LUMO), o intervalo de energia (LUMO-HOMO), o momento de dipolo e as densidades das orbitais moleculares [61].

Líquidos iónicos como cloretos de 1-butil-3-metilimidazólio (BMIC) e sulfato de hidrogénio de 1-butil-3-metilimidazólio ([BMIM]$_{HSO4}$) foram investigados como inibidores de corrosão para aço macio por Q.B. Zhang e Y.X. Hua. A eficácia dos dois inibidores estava na ordem [BMIM]HSO_4> BMIC. Para decifrar o mecanismo de inibição da corrosão de ambos os inibidores, foram tidos em consideração vários parâmetros termodinâmicos [62].

M.A. Quraishi e os seus colaboradores, em 2010, sintetizaram vários medicamentos, por exemplo, doxiciclina, cefazolina, mebendazol e cefalexina. Todos os compostos seguem a isotérmica de adsorção de Langmuir. O estudo de Microscopia de Força Atómica revelou a rugosidade da superfície do aço macio com e sem inibidor. Além disso, estudou os derivados do bis-tiadiazol e observou que os derivados do bis-tiadiazol se adsorviam fisicamente a uma concentração mais baixa, enquanto a quimisorção era favorecida a uma concentração mais elevada. Além disso, no mesmo ano, o autor sintetizou quatro bases de Schiff e considerou as propriedades químicas quânticas calculadas, nomeadamente a afinidade de electrões *(EA)*, o intervalo de banda molecular (ΔE_{MBG}) para correlacionar as eficiências de inibição que foram obtidas a partir de técnicas de perda de peso e electroquímicas [63-69].

Foram efectuadas investigações experimentais e teóricas para inibidores de corrosão recentemente sintetizados de derivados de diamina, nomeadamente 2-[{2-[bis-(2-hidroxietil)amino]etil}(2-hidroxietil)amino]etanol (DAME) e 2-[{2-[bis-(2-hidroxietil)amino]etil}(2-hidroxietil)amino]propanol (DAMP) a 308 K. O resultado da investigação foi que o DAME atingiu 91,7% de eficiência de inibição a 10^{-3} M. Foram determinados e discutidos parâmetros cinéticos e termodinâmicos. A abordagem da Relação Estrutura-Atividade Quantitativa (QSAR) foi complementada num esforço para correlacionar as propriedades de inibição da corrosão destes derivados de diamina com os seus parâmetros químicos quânticos calculados [70].

S. Issaadi et al., em 2011, investigaram o efeito inibidor de duas bases de Schiff, nomeadamente: 4,4'-bis(3-carboxaldeído tiofeno) difenildiimino éter (*L1*) e 4,4'-bis(3-carboxaldeído tiofeno) difenildiimino etano (*L2*) na corrosão do aço macio (MS) em 1 M HCl [71].

Utilizando diferentes derivados de triazina, Sam John e Abraham Joseph observaram a inibição efectiva da corrosão do aço macio em solução de HCl 1M. A teoria orbital molecular de fronteira explicou que, com o aumento da densidade eletrónica, a eficiência da inibição também aumentava. O tipo de grupo funcional (CH_2Ph, Bu^t ou Me) substituído no anel da triazina é responsável pela eficiência da inibição e a ordem de inibição foi detectada como ABTDT (CH_2Ph) > ATTDT (Bu^t) > AMTDT (Me) [72].

Em 2012, Ashish Kumar Singh et al. observaram o comportamento de adsorção da cefapirina (CFP) em aço macio (MS) numa solução de HCl 1 M através de: polarização potenciodinâmica, espetroscopia de impedância eletroquímica (EIS), técnicas de perda de peso e a morfologia da superfície foi examinada utilizando microscopia eletrónica de varrimento (SEM).

Os parâmetros termodinâmicos e cinéticos foram calculados e comparados. A medição do ângulo de contacto na superfície de aço macio foi feita para conhecer o carácter hidrofóbico e o comportamento de adsorção do CFP. Além disso, no mesmo ano, o autor inspeccionou o efeito de alguns corantes azina e tiazina, nomeadamente: Vermelho Neutro (NR), Eosinato de Azure A (AAE), Azul de Toluidina (TB), Fenosafranina (PS), e Azul de Rodanilo (RB), como potenciais inibidores de corrosão para MS em solução de HCl. Vários parâmetros como a eficiência de inibição e reactividades, selectividades dos corantes catiónicos estudados foram previstos a partir de EIS, polarização Tafel e cálculos químicos quânticos baseados na teoria do funcional da densidade (DFT), métodos semi-empíricos (PM3). Adicionalmente, o autor estudou a inibição da 3-(4-((Z)-Indolin-3- ylideneamino)phenylimino)indolin-2-one através de técnicas electroquímicas tais como curvas de polarização potenciodinâmica, perda de peso, espetroscopia de impedância eletroquímica e resistência à polarização linear. Foram obtidos resultados suplementares através de microscopia de força atómica (AFM) e microscopia eletrónica de varrimento (SEM) [73-75]. O efeito da adição de gramina na dissolução de aço macio em ácido clorídrico desaerado 1,0 M foi estudado por G. Quartarone. O efeito da concentração e da temperatura foi premeditado. Para inibir a corrosão do aço macio em HCl 1,0 M a 30°C, os derivados da ftalazina, incluindo a ftalazina (PT), a ftalazona (PTO) e a ftalidrazida (PTD) foram examinados por Ahmed Y. Musa et al. em 2012. Foram examinados cálculos teóricos, tais como as estruturas electrónicas dos derivados de PT. Os dados de eficiência de inibição foram encontrados na ordem: PTD < PT < PTO. Em solução de HCl 0,1 M, a 2-Thiohydantoin (2-THD) foi investigada como um inibidor de corrosão para aço macio. Foram tidos em consideração vários efeitos como a temperatura, a evolução do gás hidrogénio e a alteração do potencial de circuito aberto com o tempo de imersão [76-78].

Em 2013, novos polímeros fotossensíveis, nomeadamente o propionato de poli((*E*)-(1-(10-(4-(3-(bifenil-4-il)-3-oxoprop-1-enil)fenoxi)pentil)-*1H-1*,2,3-triazol-4-il)metilo) (BI-5), o propionato de poli((*E*)-(1-(10-(4-(3-(bifenil-4-il)-3-oxoprop-1-enil)fenoxi)hexil)-*1H-1*,2,3- triazol-4-il)propionato de metilo) (BI-6) e poli((*E*)-(1-(10-(4-(3-(bifenil-4-il)-3- oxoprop-1-enil)fenoxi)decil)-*1H-1*,2,3-triazol-4-il)propionato de metilo) (BI-10), foram sintetizados por Ramaganthan Baskar e a inibição destes inibidores foi estudada contra a corrosão do aço macio em HCl 1M. A análise por microscopia eletrónica de varrimento e a espetroscopia de raios X por dispersão de energia (SEM-EDS) forneceram informações sobre a camada protetora na superfície do aço macio [79].

No mesmo ano, Bin Xu et al. estudaram o efeito inibidor de dois derivados da base de Schiff, especificamente a 2-piridinacarboxaldeído tiossemicarbazona (2-PCT) e a 4-piridinacarboxaldeído tiossemicarbazona (4-PCT), na corrosão do aço macio em solução de HCl 1M através de técnicas electroquímicas, SEM e métodos de cálculo teóricos. Calculou vários parâmetros termodinâmicos, tais como E_a, K_{ads}, etc. e a adsorção segue a isotérmica de adsorção de Langmuir. As medições de PZC e o método teórico ajudam a encontrar o mecanismo dos inibidores no aço macio [80]. Além disso, R. Solmaz esclareceu a adsorção e a inibição da corrosão do aço macio em solução de HCl 0,5 M por 5-(4-Dimetilaminobenzilideno)rodanina (DABRh) através de técnicas electroquímicas e de microscopia eletrónica de varrimento (SEM) [81].

A fim de aumentar a eficiência de inibição do inibidor orgânico a baixa concentração e alta temperatura, foram incorporadas algumas nanopartículas que aumentam a cobertura da superfície.

2.6 Porquê Nano?

A descoberta da ciência moderna conduziu às nanopartículas devido à sua maior relação superfície/volume com a diminuição do tamanho das partículas. As nanopartículas têm atraído a ciência dos materiais em muitas áreas; entre elas, os metais de transição, que vão da bioengenharia à engenharia automóvel. Muitas propriedades dos materiais de dimensão nanométrica revelaram ser superiores às dos materiais a granel [82, 83]. As nanopartículas atraem muita atenção devido à sua vasta gama de aplicações de alta tecnologia, tais como janelas inteligentes, supercapacitores electroquímicos, como camada semicondutora transparente do tipo p com um grande intervalo de banda e como película fina antiferromagnética [84-86]. Além disso, é amplamente utilizada como sensores, ânodos para baterias de iões, ecrãs electrocrómicos, medicamentos e catalisadores [87-93]. Além disso, a utilização da nanotecnologia desempenha um papel importante na ciência da corrosão.

2.7 Revisão da literatura sobre inibidores orgânicos montados em nanopartículas para a inibição da corrosão do aço macio (MS)

Recentemente, as nanopartículas têm sido de grande interesse no domínio da ciência dos materiais, a fim de aumentar a eficiência de inibição de vários inibidores para a proteção dos metais. A exploração de novos inibidores de corrosão começou no início do século XXI e a ordem sequencial para a inibição de metais utilizando nanopartículas é a seguinte O surfactante cloridrato de dodecil cisteína foi sintetizado por M. A. Migahed et al. As propriedades da superfície foram estudadas pelo método da tensão superficial. A nanoestrutura deste tensioativo foi preparada utilizando nanopartículas de ouro e caracterizada pela técnica TEM. Foram realizadas técnicas electroquímicas para verificar a eficiência de inibição do inibidor utilizando nanopartículas para aço carbono em solução de HCl 2M. Quando se utilizou o surfactante auto-montado nas nanopartículas, observou-se um aumento de cerca de 14% em relação ao surfactante isolado. Com uma concentração óptima, isto é, uma concentração de 175 ppm, a eficiência de inibição mais elevada obtida foi de 76,6% e 90,8% na presença de cloridrato de dodecilcisteína e do seu auto-montado em nanopartículas de ouro, respetivamente. O valor de (K_{ads}) mostrou a firme interação entre as moléculas inibidoras e a superfície metálica [94].

Na NACE International Corrosion 2009, Conference and Expo, S. Jauhari et al. utilizaram um inibidor de ferrofluido baseado num avanço nanotecnológico para proteger o aço carbono da corrosão em solução de HCl 1M. Devido à presença de uma estrutura espessa, rígida e ininterrupta em forma de rede, este ferrofluido actuou como inibidor. O estudo do potencial de inibição da corrosão foi estimado utilizando métodos de polarização e de medição gravimétrica. A eficiência de inibição aumenta com o aumento da concentração de ferrofluido e a concentração óptima foi observada como sendo de 1200 ppm [95].

Em 2012, R.K. Farag estudou a propriedade inibidora através da adição de nanogel NVI em poli (álcool vinílico) (PVA)/poli (N-vinil imidazol) em aço macio em 1 M HCl. Para detetar a composição da estrutura concebida, foi utilizada a técnica FTIR. A morfologia da superfície e o analisador de tamanho de partículas a laser foram utilizados para observar as capacidades de inchaço dos nanogéis sintetizados. O autor verificou que a eficiência de proteção aumenta com o aumento da concentração deste inibidor (250 ppm), atingindo 97% com 0,02 gm de nanogel e 83,51% sozinho. Ele observou que aproximadamente 14% da eficiência de inibição foi aumentada com o uso do nanogel [96].

E. M. S. Azzam et al. sintetizaram um tensioativo poli 12-(3-amino fenoxi) dodecano-1-tiol auto-montado em nanopartículas de prata e caracterizado por FTIR, ^{1}H NMR, UV, XRD, TGA, DSC, TEM, técnicas de tensão superficial/interfacial. Examinou o potencial inibidor do tensioativo polimérico sintetizado e a sua nanoestrutura com as nanopartículas de prata preparadas utilizando técnicas de perda de peso e de polarização potenciodinâmica. O autor relatou que a percentagem de eficiência de inibição (IE%) pelo tensioativo poli 12-(3- aminofenoxi) dodecano-1-tiol, auto-montado em nanopartículas de prata, foi de 87,59% e pelo tensioativo poli 12-(3-aminofenoxi) dodecano-1-tiol apenas foi de 82,80% a 375ppm, que é a concentração óptima. Isto prova que, com a utilização de nanopartículas, a eficácia percentual aumentou quase 5%. Os dados foram ainda comprovados por resultados de polarização e a formação de uma película protetora foi estabelecida pela técnica de análise de raios X por dispersão de energia (EDX) [97].

A. M. Atta et al. em 2013, prepararam as nanopartículas de prata revestidas com surfactante usando Noigen R-N10. O produto preparado foi caracterizado por espectros de absorção UV-vis, espectros de ^{1}H-NMR e os intervalos de tamanho de 25 a 80 nm foram previstos por TEM. A eficiência de inibição das nanopartículas de prata preparadas foi calculada utilizando a técnica de espetroscopia de impedância eletroquímica (EIS) para aço carbono em solução de HCl 1,0 M. O autor especificou que as nanopartículas de prata apresentam uma boa eficiência de inibição, bem como uma propriedade de barreira contra a corrosão em solução de HCl e a taxa de corrosão do aço-carbono reduziu-se terrivelmente. Além disso, no mesmo ano, reconheceu que os materiais à escala nanométrica têm atraído uma atenção notável como películas protectoras contra a corrosão nas superfícies metálicas. A morfologia das nanopartículas de prata modificadas com poli(etilenoglicol)tiol e poli(vinilpirrolidona) foi estudada por TEM, DLS e o efeito do HCl na estabilidade das nanopartículas de prata dispersas foi verificado pelo espetro de absorção UV-Vis. A eficiência calculada da inibição da corrosão das monocamadas automontadas de nanopartículas de Ag, determinada pelo método de polarização (90,13%), estava de acordo com a espetroscopia de impedância eletroquímica (90,95%) [98, 99].

No mesmo ano, I. B. Obot et al. relataram um caminho fácil, novo, mediado pela luz solar e economicamente viável para a produção de nanopartículas de prata (AgNPs) utilizando um produto bio-derivado - mel. A propriedade inibidora das nanopartículas preparadas foi estudada por métodos electroquímicos em HCl 0,5 M sobre a corrosão do aço macio. O resultado da investigação sugeriu que a nanopartícula de prata do mel era um inibidor de corrosão eficaz com uma eficiência de inibição de 91,6% para o aço macio [100].

R. Geethanjali et al. proclamaram um novo método para sintetizar nanocompósito de polianilina-poliacrilamida contendo magnetite (PAni-PAAm/Fe_3O_4) em 2013. A caraterização do inibidor sintetizado foi feita por FTIR e usando o analisador de partículas, o tamanho do inibidor/nanopartículas foi resolvido. A investigação da inibição do inibidor/nanopartículas foi calculada utilizando três técnicas diferentes, tais como: medidas de perda de peso, polarização Tafel e espetroscopia de impedância eletroquímica. O autor considerou vários parâmetros para calcular a inibição da corrosão, como o tempo e a temperatura. Verificou que a inibição aumenta com o aumento do tempo e da temperatura, aumentando a concentração do inibidor e que a concentração máxima atingida foi de 100 ppm e 200 ppm. Além disso, as medições electroquímicas foram bem coordenadas com a técnica de perda de peso [101].

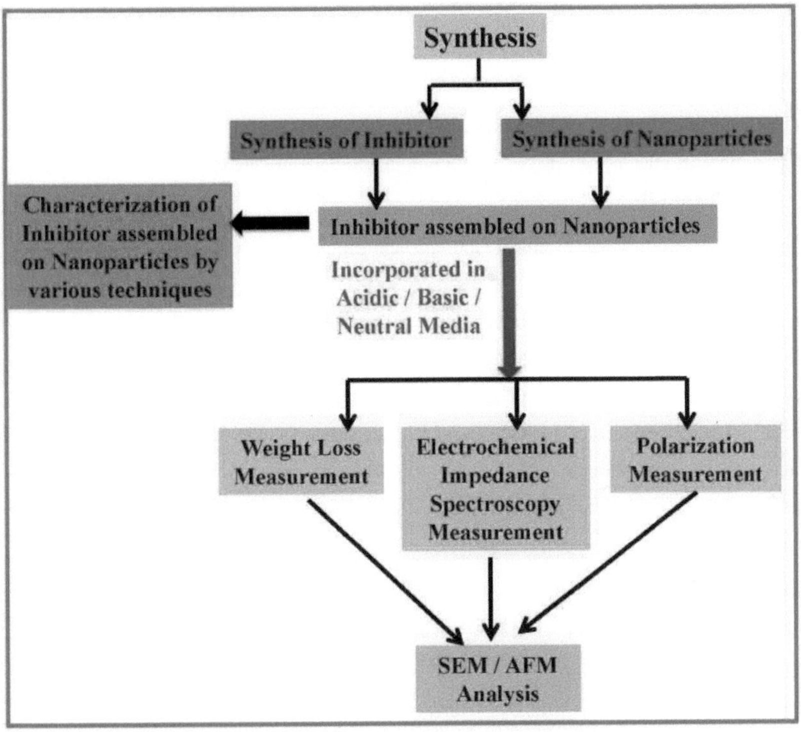

Figura 3: Diagrama de fluxo do processo global de corrosão

O processo global de corrosão está representado na Figura 3. Com base na pesquisa bibliográfica, pode dizer-se que várias moléculas orgânicas auto-montadas em nanopartículas actuam como potentes inibidores de corrosão para metais como o aço macio, o aço carbono e muitos outros. No entanto, a probabilidade do seu funcionamento depende de numerosos factores como o inibidor, o tempo, a temperatura, a concentração, a estrutura, o metal, etc. Entre eles, o mais encorajador é a presença de grupos doadores de electrões na estrutura do inibidor/nanopartículas. Além disso, é possível obter uma elevada eficiência de inibição consumindo uma concentração muito reduzida de inibidor, utilizando nanopartículas auto-montadas, o que constitui atualmente uma grande vantagem na ciência da corrosão. Além disso, devido à menor utilização de nanopartículas no domínio da corrosão como inibidor de metais em meios ácidos, existe uma maior margem para explorar o trabalho de investigação realizado neste domínio. Além disso, estes nano-inibidores podem também ser estudados por voltametria cíclica, espetrofotometria UV-visível, espetroscopia de infravermelhos com transformada de Fourier (FT-IR), análise de raios X por dispersão de energia (EDAX) e os factores electrónicos podem ser verificados teoricamente utilizando a química quântica. Foram efectuados menos estudos sobre moléculas orgânicas auto-montadas em nanopartículas do que sobre inibidores orgânicos e, sobretudo, nanopartículas de prata e ouro têm sido amplamente utilizadas no estudo da corrosão. Por conseguinte, é possível sintetizar nanopartículas de óxido metálico utilizando inibidores e estudar o efeito dos nano-inibidores orgânicos que protegem a superfície do metal [102, 103].

2.8 Objetivo do presente trabalho

O objetivo do presente trabalho foi estudar a eficiência de algumas moléculas orgânicas como inibidores e comparar as suas eficiências através da sua montagem em nanopartículas (NiONPs) para aço macio (MS) em meio de HCl 2N.

A caraterização dos inibidores orgânicos foi realizada com a ajuda de Ressonância Magnética Nuclear de Protões (^{1}HNMR) e Espectros de Massa de Ionização por Electrospray (ESI-MS). A Microscopia Eletrónica de Transmissão (TEM) foi realizada para compreender o tamanho do grão de NiONPs, inibidores orgânicos montados em NiONPs. A gama de diâmetros médios das NiONPs e dos inibidores orgânicos montados em NiONPs foi analisada por um analisador de dispersão dinâmica da luz (DLS). Os espectros de infravermelhos com transformada de Fourier (FTIR) foram obtidos para inibidores orgânicos e a sua montagem em NiONPs para encontrar o mecanismo de ligação. O padrão de difração de raios X (XRD) para inibidores orgânicos e a sua montagem em NiONPs foram realizados para confirmar a interação.

As técnicas utilizadas para investigar a eficiência dos inibidores foram Gravimetria, Polarização Galvanostática, Espectroscopia de Impedância Eletroquímica (EIS), Microscopia Eletrónica de Varrimento (SEM) e Microscopia de Força Atómica (AFM). Os parâmetros investigados para a eficácia dos inibidores foram:

1. Efeito da concentração do inibidor na eficiência da inibição.

2. Efeito do período de exposição na eficácia da inibição.

3. Efeito da temperatura no desempenho do inibidor.

4. Isotérmica de adsorção seguida de um inibidor.

5. Determinação dos parâmetros cinéticos na presença e ausência de um inibidor.

6. Avaliação dos parâmetros tafel do inibidor e cálculo da eficiência do inibidor a partir de gráficos tafel

7. Investigação da influência do inibidor através da técnica de Espectroscopia de Impedância Eletroquímica (EIS).

8. Análise da morfologia da superfície do metal inibido e não inibido através das técnicas de

Microscopia Eletrónica de Varrimento (SEM) e Microscopia de Força Atómica (AFM).

2.9 Referências

1. P. R. Knowles, Design of structural steelwork, CRC Press, Taylor & Francis, **2003**.

2. M. Yadav, D. Behera, S. Kumar e R. R. Sinha, Industrial & Engineering Chemistry Research, 52, **2013**, 6318-6328.

3. H. Jafari, I. Danaee, H. Eskandari e M. RashvandAvei, Industrial & Engineering Chemistry Research, 52, **2013**, 6617-6632.

4. K. Khaled, Electrochimica Ata, 53, **2008**, 3484-3492.

5. A. K. Singh e M. Quraishi, Corrosion Science, 52, **2010**, 1373-1385.

6. A. El Ouafi, B. Hammouti, H. Oudda, S. Kertit, R. Touzani e A. Ramdani, AntiCorrosion Methods and Materials, 49, **2002**, 199-204.

7. J. R. Davis, Corrosion: Understanding the basics, ASM International, **2000**.

8. A. Singh, I. Ahamad, V. Singh e M. A. Quraishi, Journal of Solid State Electrochemistry, 15, **2011**, 1087-1097.

9. M. Pourbaix e J. A. Franklin, NACE/Cebelcor, Houston, **1966**.

10. M. Quraishi, A. Singh, V. K. Singh, D. K. Yadav e A. K. Singh, Materials Chemistry and Physics, 122, **2010**, 114-122.

11. E. A. Noor e A. H. Al-Moubaraki, Materials Chemistry and Physics, 110, **2008**, 145-154.

12. S. A. Umoren, Z. M. Gasem e I. B. Obot, Industrial & Engineering Chemistry Research, 52, **2013**, 14855-14865.

13. X. Zhang, Y. Zheng, X. Wang, Y. Yan e W. Wu, Industrial & Engineering Chemistry Research, 53, **2014**, 14199-14207.

14. X. Zheng, S. Zhang, M. Gong e W. Li, Industrial & Engineering Chemistry Research, 53, **2014**, 16349-16358.

15. A. Yurt, A. Balaban, S. U. Kandemir, G. Bereket e B. Erk, Materials Chemistry and Physics, 85, **2004**, 420-426.

16. E. Oguzie, C. Unaegbu, C. Ogukwe, B. Okolue e A. Onuchukwu, Materials Chemistry and Physics, 84, **2004**, 363-368.

17. F. Bentiss, M. Traisnel, L. Gengembre e M. Lagrenee, Applied Surface Science, 152, **1999**, 237-249.

18. Y. Abboud, A. Abourriche, T. Saffaj, M. Berrada, M. Charrouf, A. Bennamara, A. Cherqaoui e D. Takky, Applied Surface Science, 252, **2006**, 8178-8184.

19. M. Desai e M. Desai, Corrosion Science, 24, **1984**, 649-660.

20. M. Desai, M. Desai, C. Shah e S. Desai, Corrosion Science, 26, **1986**, 827-837.

21. J. De Damborenea, J. Bastidas e A. Vazquez, Electrochimica Ata, 42, **1997**, 455-459.

22. H. Shokry, M. Yuasa, I. Sekine, R. Issa, H. El-Baradie e G. Gomma, Corrosion Science, 40, **1998**, 2173-2186.

23. F. Bentiss, M. Lagrenee, M. Traisnel e J. Hornez, Corrosion Science, 41, **1999**, 789-803.

24. F. Bentiss, M. Traisnel, L. Gengembre e M. Lagrenee, Applied Surface Science, 152, **1999**, 237-249.

25. E. Ebenso, U. Ekpe, B. Ita, O. Offiong e U. Ibok, Materials Chemistry and Physics, 60, **1999**, 79-90.

26. F. Bentiss, M. Traisnel, L. Gengembre e M. Lagrenee, Applied Surface Science, 161, **2000**, 194-202.

27. M. Quraishi, R. Sardar e D. Jamal, Materials Chemistry and Physics, 71, **2001**, 309-313.

28. B. Ita e O. Offiong, Materials Chemistry and Physics, 70, **2001**, 330-335.

29. M. El Azhar, B. Mernari, M. Traisnel, F. Bentiss e M. Lagrenee, Corrosion Science, 43, **2001**, 2229-2238.

30. M. Quraishi e D. Jamal, Materials Chemistry and Physics, 68, **2001**, 283-287.

31. S. A. El Rehim, M. A. Ibrahim e K. Khalid, Materials Chemistry and Physics, 70, **2001**, 268-273.

32. M. Quraishi e J. Rawat, Materials Chemistry and Physics, 73, **2002**, 118-122.

33. M. Lagrenee, B. Mernari, M. Bouanis, M. Traisnel e F. Bentiss, Corrosion Science, 44, **2002**, 573-588.

34. H.-L. Wang, H.-B.Fan e J.-S. Zheng, Materials Chemistry and Physics, 77, **2003**, 655-661.

35. B. El Mehdi, B. Mernari, M. Traisnel, F. Bentiss e M. Lagrenee, Materials Chemistry and Physics, 77, **2003**, 489-496.

36. M. Quraishi e D. Jamal, Materials Chemistry and Physics, 78, **2003**, 608-613.

37. K. C. Emregul e O. Atakol, Materials Chemistry and Physics, 82, **2003**, 188193.

38. M. Quraishi e R. Sardar, Materials Chemistry and Physics, 78, **2003**, 425-431.

39. M. Quraishi, F. Ansari e D. Jamal, Materials Chemistry and Physics, 77, **2003**, 687-690.

40. O. Abiola e N. Oforka, Materials Chemistry and Physics, 83, **2004**, 315-322.

41. F. Bentiss, M. Lebrini, H. Vezin e M. Lagrenee, Materials Chemistry and Physics, 87, **2004**, 18-23.

42. F. Bentiss, M. Traisnel, H. Vezin, H. Hildebrand e M. Lagrenee, Corrosion Science, 46, **2004**, 2781-2792.

43. A. Popova, M. Christov, S. Raicheva e E. Sokolova, Corrosion Science, 46, **2004**, 1333-1350.

44. H.-L. Wang, R.-B.Liu e J. Xin, Corrosion Science, 46, **2004**, 2455-2466.

45. M. Lebrini, M. Lagrenee, H. Vezin, L. Gengembre e F. Bentiss, Corrosion Science, 47, **2005**, 485-505.

46. H. Ashassi-Sorkhabi, B. Shaabani e D. Seifzadeh, Electrochimica Ata, 50, **2005**, 3446-3452.

47. H. Ashassi-Sorkhabi, B. Shaabani e D. Seifzadeh, Applied Surface Science, 239, **2005**, 154-164.

48. E. Oguzie, Materials Letters, 59, **2005**, 1076-1079.

49. K. Khaled, Applied Surface Science, 252, **2006**, 4120-4128.

50. F. Bentiss, F. Gassama, D. Barbry, L. Gengembre, H. Vezin, M. Lagrenee e M. Traisnel, Applied Surface Science, 252, **2006**, 2684-2691.

51. W. Li, Q. He, C. Pei e B. Hou, Electrochimica Ata, 52, **2007**, 6386-6394.

52. F. Bentiss, M. Bouanis, B. Mernari, M. Traisnel, H. Vezin e M. Lagrenee, Applied Surface Science, 253, **2007**, 3696-3704.

53. H. H. Hassan, E. Abdelghani e M. A. Amin, Electrochimica Ata, 52, **2007**, 6359-6366.

54. H. H. Hassan, Electrochimica Ata, 53, **2007**, 1722-1730.

55. M. Lebrini, M. Lagrenee, H. Vezin, M. Traisnel e F. Bentiss, Corrosion Science, 49, **2007**, 2254-2269.

56. G. Avci, Colloids and Surfaces A: Physicochemical and Engineering Aspects, 317, **2008**, 730-736.

57. Y. Yan, W. Li, L. Cai e B. Hou, Electrochimica Ata, 53, **2008**, 5953-5960.

58. M. Behpour, S. Ghoreishi, N. Soltani, M. Salavati-Niasari, M. Hamadanian e A. Gandomi, Corrosion Science, 50, **2008**, 2172-2181.

59. R. Prabhu, T. Venkatesha, A. Shanbhag, G. Kulkarni e R. Kalkhambkar, Corrosion Science, 50, **2008**, 3356-3362.

60. E. A. Noor e A. H. Al-Moubaraki, Materials Chemistry and Physics, 110, **2008**, 145-154.

61. Z. Tao, S. Zhang, W. Li e B. Hou, Corrosion Science, 51, **2009**, 2588-2595.

62. S. Zhang, Z. Tao, W. Li e B. Hou, Applied Surface Science, 255, **2009**, 67576763.

63. S. K. Shukla e M. Quraishi, Corrosion Science, 52, **2010**, 314-321.

64. A. K. Singh e M. Quraishi, Corrosion Science, 52, **2010**, 152-160.

65. I. Ahamad e M. Quraishi, Corrosion Science, 52, **2010**, 651-656.

66. S. K. Shukla e M. Quraishi, Materials Chemistry and Physics, 120, **2010**, 142147.

67. A. K. Singh e M. Quraishi, Corrosion Science, 52, **2010**, 1373-1385.

68. I.Ahamad, R. Prasad e M. Quraishi, Corrosion Science, 52, **2010**, 933-942.

69. D. K. Yadav, B. Maiti e M. Quraishi, Corrosion Science, 52, **2010**, 3586-3598.

70. L. Herrag, B. Hammouti, S. Elkadiri, A. Aouniti, C. Jama, H. Vezin e F. Bentiss,

Corrosion Science, 52, **2010**, 3042-3051.

71. S. Issaadi, T. Douadi, A. Zouaoui, S. Chafaa, M. Khan e G. Bouet, Corrosion Science, 53, **2011**, 1484-1488.

72. S. John e A. Joseph, RSC Advances, 2, **2012**, 9944-9951.

73. A. K. Singh, E. E. Ebenso e M. Quraishi, International Journal of Electrochemical Science, 7, **2012**, 2320-2333.

74. E. E. Ebenso, M. M. Kabanda, L. C. Murulana, A. K. Singh e S. K. Shukla, Industrial & Engineering Chemistry Research, 51, **2012**, 12940-12958.

75. A. K. Singh, Industrial & Engineering Chemistry Research, 51, **2012**, 3215-3223.

76. G. Quartarone, L. Ronchin, A. Vavasori, C. Tortato e L. Bonaldo, Corrosion Science, 64, **2012**, 82-89.

77. A. Y. Musa, R. T. Jalgham e A. B. Mohamad, Corrosion Science, 56, **2012**, 176183.

78. O. Yüce e G. Kardaç, Corrosion Science, 58, **2012**, 86-94.

79. R. Baskar, D. Kesavan, M. Gopiraman e K. Subramanian, RSC Advances, 3, **2013**, 17039-17047.

80. B. Xu, W. Yang, Y. Liu, X. Yin, W. Gong e Y. Chen, Corrosion Science, 78, **2014**, 260-268.

81. R. Solmaz, Corrosion Science, 79, **2014**, 169-176.

82. Y. Wang, J. Zhu, X. Yang, L. Lu, X. Wang, Thermochimica Ata, 437, **2005**, 106109.

83. M. Salavati-Niasari, N. Mir, F. Davar, Polyhedron, 28, **2009**, 1111-1114.

84. M. Wu, J. Gao, S. Zhang, A. Chen, Journal of Power Sources, 159, **2006**, 365-369.

85. S. Nandy, U. Maiti, C. Ghosh, K. Chattopadhyay, Journal of Physics: Condensed Matter, 21, **2009**, 115804-115810.

86. S. Krishnakumar, M. Liberati, C. Grazioli, M. Veronese, S. Turchini, P. Luches, S. Valeri, C. Carbone, Journal of Magnetism and Magnetic Materials, 310, **2007**, 8 -1 2.

87. Y. Sun, Y. Bai, W. Yang, C. Sun, Electrochimica Ata, 52, **2007**, 7352-7361.

88. A. S. Adekunle, O. S. Oluwafemi, V. Ncapayi, R. E. Sadiku, J. T. Agee, S. O. Ojo, S. P. Songca, International Journal of Electrochemical Science, 7, **2012**, 2695-2709.

89. M. Sasidharan, N. Gunawardhana, C. Senthil, M. Yoshio, Journal of Materials Chemistry A, 2, **2014**, 7337-7344.

90. D. T. Gillaspie, R. C. Tenent, A. C. Dillon, Journal of Materials Chemistry, 20, **2010**, 9585-9592.

91. L. Ma, M. Kohli, A. Smith, ACS Nano, 7, **2013**, 9518-9525.

92. F. Chen, H. Hong, Y. Zhang, H. F. Valdovinos, S. Shi, G. S. Kwon, C. P. Theuer, T. E. Barnhart, W. Cai, ACS Nano, 7, **2013**, 9027-9039.

93. H. Sachdeva, D. Dwivedi, R. Bhattacharjee, S. Khaturia, R. Saroj, Journal of Chemistry, 2013, **2012**, 1-10.

94. M. Migahed, E. Azzam e S. Morsy, Corrosion Science, 51, **2009**, 1636-1644.

95. S. Jauhari, K. Parekh, K. Pie e R. Upadhyay, National Association of Corrosion Engineers, P. O. Box 218340 Houston TX 77084 USA, **2009**.

96. R. K. Farag, S. M. Elsaeed e O. E. El-Azabawy, Global Advanced Research Journal of Chemistry and Material Science, 1, **2012**, 014-022.

97. E. Azzam e A. A. El-Aal, Egyptian Journal of Petroleum, 22, **2013**, 293-303.

98. A. M. Atta, G. El-Mahdy e H. A. Allohedan, International Journal Electrochemical Science, 8, **2013**, 4873-4885.

99. A. M. Atta, H. A. Allohedan, G. A. El-Mahdy e A.-R. O. Ezzat, Journal of Nanomaterials, 2013, **2013**, 1-8.

100. I. Obot, S. Umoren e A. Johnson, Journal of Materials and Environmental Science, 4, **2013**, 1013-1018.

101. R. Geethanjali e S. Subhashini, Chemical Science Transactions, 2, **2013**, 11481159.

102. I. Obot, N. Obi-Egbedi, A. Eseola, Industrial & Engineering Chemistry Research 50, **2011**, 2098-2110.

103. K.A. Yasakau, J. Tedim, M.F. Montemor, A. N. Salak, M. L. Zheludkevich e M. G. S. Ferreira, The Journal of Physical Chemistry C, 117, **2013**, 5811-5823.

MIX
Papier aus verantwortungsvollen Quellen
Paper from responsible sources
FSC® C105338

Printed by Books on Demand GmbH, Norderstedt / Germany